HARRY WINSTON
GOLD AND ZALIUM
AUTOMATIC CHRONOGRAPH
SWISS

HARRY WINSTON

2006~2007 WATCH CALENDAR
世界名表年鉴

CONTENTS

PIAGET
BLACK TIE COLLECTION
PIAGET MANUFACTURE MOVEMENT
WORLD'S THINNEST SHAPED TOURBILLON
伯爵专卖店 北京 王府半岛酒店（010）6512 9065 赛特购物中心（010）8511 4313 上海 恒隆广场（021）6288 1639 哈尔滨 金安欧罗巴广场（0451）8456 7177 广州 友谊商店（020）8358 7785
伯爵店 沈阳 中兴大厦 大公名表中心 西安 中大国际名品广场 昆明 金格中心 杭州 杭州大厦 太原 华宇国际精品商厦
伯爵特约经销商 北京 英皇钟表珠宝店一国贸店/王府井店 华瑞钟表旗舰店一中关村店 上海 英皇钟表珠宝店一梅龙镇店/外滩店/淮海路店 迪生钟表珠宝一虹桥友谊商城
成都 迪生钟表珠宝一成都西武百货 沈阳 大公东舜店 大连 友谊商城 百年城 长春 中孚世界名表行 哈尔滨 松雷商业大厦 鞍山 东方表行 宁波 美和表行
天津 亨得利钟表眼镜公司 友谊商厦 济南 贵和购物中心 青岛 海信广场 重庆 英皇钟表珠宝店一海逸店 深圳 喜运佳钟表店一西武百货 所罗门一金光华广场

2006~2007
WATCH CALENDAR
世界名表年鉴

CONTENTS

88 2006~2007畅销名表全搜录

MONT BLANC
SOULMAKERS FOR 100 YEARS
百年经典　灵魂巨匠
限量系列，镶嵌华贵万宝龙星形
美钻，纪念品牌百周年盛典。
WWW.MONTBLANC.COM
© Montblanc®

2006~2007

WATCH CALENDAR 世界名表年鉴

CONTENTS

装嵌摆轮桥板于95型机芯内
PanoMaticChrono 腕表
制表大师的杰作拥有令人难忘的
设计和创新的技术。
其自动机芯95型经格拉苏蒂
(Glashütte Original) 表厂采用最优秀的
传统工艺，手工精心制作完成。
请浏览 www.glashuette-original.com
或致电+021 6426 7968 ext.287
发掘更多有关我们的资料。
手工的艺术
艺术的手工
Glashütte
ORIGINAL
格拉苏蒂
精湛手工·德国制造

2006~2007

WATCH CALENDAR
世界名表年鉴

2006年12月15日出版

世界名表年鉴：2006～2007 /《世界名表年鉴》编写组编.—上海：上海辞书出版社，2006.12
ISBN 7-5326-2161-8

Ⅰ.世… Ⅱ.世… Ⅲ.钟表—世界—年鉴—2006～2007—年鉴 Ⅳ.TH 714.5-54

中国版本图书馆CIP数据核字（2006）第138650号

书名Title：2006~2007 Watch Calendar 世界名表年鉴
出版Publishing Company：上海世纪出版股份有限公司Shanghai Century Publishing Co., Ltd.
上海辞书出版社Shanghai Lexicographical Publishing House

主编Chief Editor：周凯旋Victoria Chou
策划Planner：上官消波Shangguan Xiaobo
责任编辑Executive：王威Wang Wei
采编主任Supervisor of Feature Editor：杨坤铭Ted Yang
编辑主任Managing Editor：陈忠贤Taitan Chen
采访编辑Feature Editor：王薇Judy Wang、李铃德Bryan Lee、黄兆庆Jem Huang、张欣婷Ting Chang、林志玮Ethan Lin、谢玮婷Antia Hseih
企划编辑Subject Editor：张玉姗Ova Chang
美编主任Supervisor of Art Editor：吴丽凤Sandy Wu
装帧设计Senior Art Editor：廖友桦Fa Fa Liao、刘亭玮Ivy Liu
特约摄影Contributing Photographer：廖孝梁Laban、洪宝煌Pao, Hwang-Hong、陈致良Eric Chen

邮编：200040
电话：021-62472088
传真：021-62537365
发行：上海辞书出版社发行所
印刷：深圳市佳信达印务有限公司
开本：889 ×1194 1/16
印张：12
字数：200,000
版次：2006年12月第1版 2006年12月第1次印刷
ISBN：7-5326-2161-8 / T · 80
定价：188元

广告总代理：上海时观广告有限公司
广告经营许可证：3102293000413

北京办事处Bejing Office
电话：(8610)5100-2677 (8610)5100-3099
传真：(8610)5100-2776

上海办事处ShangHai Office
行销业务总监Sales & Marketing Director：徐仲轲Tony Hsu
电话：(8621)5671-7700
传真：(8621)6587-7208

世纪出版

2006~2007

WATCH CALENDAR 世界名表年鉴

FROM THE EDITOR 编者的话

常听人说：“我以后要如何、如何……”，感觉上，以后似乎不远，但它绝不是现在、当下。任何想做的事，身为射手座的我认为，都应该立刻去做！

每个人心中都有梦，但若只是停滞在空想的阶段，到头来可能只是一场白日梦。所以，每个人也都有逐梦的权利，应当剑及履及、设定目标、拟定计划，朝自己的梦想前进。

就拿今年我们筹办的“时间之最腕表大赏”票选活动来说吧！它何尝不是一个梦呢？当好多年前，看到德国、法国等钟表杂志办的读者票选开始，我心里就想，是不是我们也能办一个客观公正而又具权威性的票选活动？虽然反对意见不少，组织活动的工程及经费也是既繁琐又浩大，但是在大家的努力下，最终仍是朝向既定计划前进，中国台湾地区的评审结果已经出笼，并且于2006年10月5日先行举办颁奖活动，而12月8日在上海波特曼酒店举行的中港台票选总颁奖的晚宴party顺利落幕，这个小梦算是圆了！

然而有些人生的大梦，也许得终其一生才能达到。所谓终其一生指的并不是浑浑噩噩地等待光阴的流逝，而必须是充满著热情、甚至是奉献的精神；同时以正确的方向朝着自己的梦想前进。那么，每过一天，想必应该离梦想更近一点。

梦想跟幸福一样需要追求，让我们加油！

2006/11/06 P.M. 1:50

LONGINES
浪琴表《贝雅》系列
零售价RMB 18,580
Elegance is an attitude
优雅态度 真我个性
LONGINES®
浪琴表办事处及维修服务中心:
北京市朝阳区建国门外大街22号赛特大厦1609室 邮编: 100004 电话: (010) 6523 9129
上海市天钥桥路30号美罗大厦501-505室 邮编: 200030 电话: (021) 6426 7962
广州市环市东路371-375号世界贸易中心南塔921-923室 邮编: 510095 电话: (020) 8732 3261
沈阳市和平区南京北街206号沈阳城市广场1座2-196室 邮编: 110001 电话: (024) 2334 1171
著名影星—刘嘉玲

2006~2007

WATCH CALENDAR 世界名表年鉴

EDITOR'S VOICE

编 辑 室 报 告

对于一个在地，且具有多年历史的首本专业钟表传媒来说，究竟该怎么样才能延续荣光，继续地在竞争愈发激烈的市场中独占鳌头？一般而言，会倾向用这样的说法："以最详实的手法，专业的知识基础，向读者介绍市场上最新、最特别的产品，并在编辑手法上不断创新、突破！"但是，这只是基本的编辑专业而已，那么，到底要怎么样才能回答上述的问题呢？

"观点，the point of view。"

每本传媒，都有自己的语汇，也有自己的市场定位与精神，但那些都是抽象的，一般的读者可能很难体会其中的奥妙，倘若缺了这，却又显得乏味了。那，时间观念（TimeSquare）的语汇又是什么呢？就是："以最详实的手法，专业的知识基础，向读者介绍市场上最新、最特别的产品，并在编辑手法上不断创新、突破！"除此之外，也多了些观点，而这观点有很多是建构在市场机制上的。这对于传媒本身而言，是绝对正确至极的方针，因为，传媒需要品牌与广告客户的支持，以维持良好的商业互动，但别忘了，传媒的最终目标是对接收讯息的读者（或观者、或听者）散发一种讯息，一种传媒想要传递的讯息，我们理应以他们的感受为感受，希望为希望。

好比这次出版的《2006～2007 Watch Calendar世界名表年鉴》便是以读者的需求为出发点，并以独到观点进行规划的出版品。在内容上特别精心企划了2006全新表款、10大趋势，以专业的观察与见解，向各位揭露我们心中认为的钟表未来方向与当今热浪；表店巡礼，更精选了9家高级表店，详实介绍爱表人心中所渴望的园地；畅销名表全搜录，依然维持了具有方便索引的A-Z分类，让喜爱欣赏全新表款的你在最短时间内就可以找到它们。

相信这本年鉴将会是爱表的你最佳的工具书之一。

Teel Yang

2006/11/08

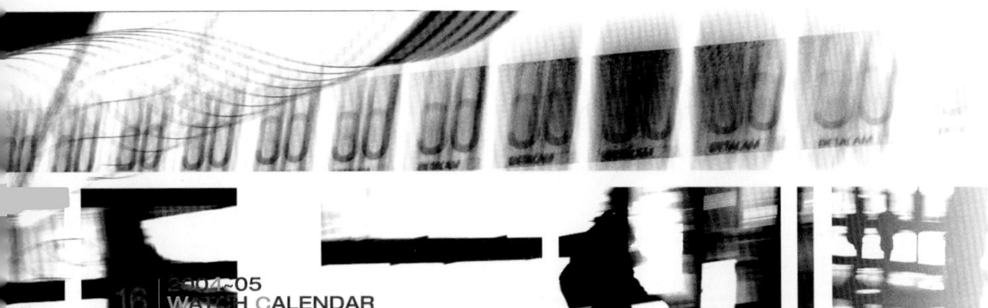

Breguet
Depuis 1775

陀飞轮腕表

法国共和9年穑月7日（1801年6月26日），寶璣荣获法国内务大臣颁授一款崭新时速调制装置的专利权，命名为陀飞轮。采用这款调速装置的腕表，擒纵系统永恒不息地旋转，藉此不断作出调节，抵消地心吸力对腕表造成的误差，成为当时精确时计的典范。时至今日，我们将寶璣的不朽传奇延续下去，创出多款经典的陀飞轮名表，其中包括以黄金精制的Grande Complication 腕表。这款瑰丽的腕表配备人手刻花的自动上链机芯，秒针直接装在陀飞轮轴上，饶富特色，镀银K金表面用人手以刻花机雕刻，另设有表盘字圈偏侧、置中分针及抗磨损蓝宝石玻璃表背。

陀飞轮调制旋转机芯抵消地心吸力造成的手表误差。

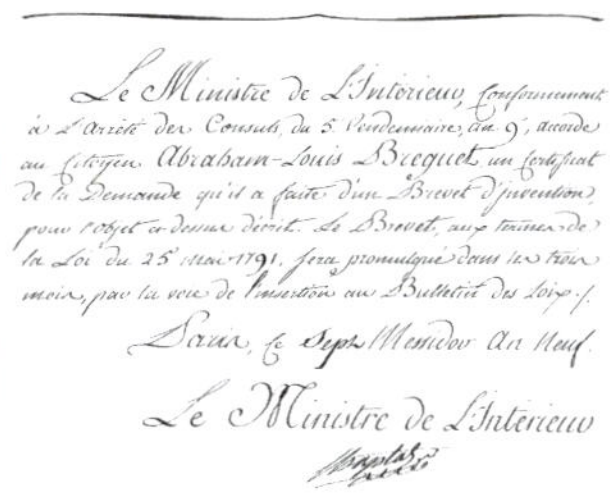

Le Ministre de l'Intérieur, conformément à l'arrêté des Consuls, du 5 Vendémiaire, an 9, accorde au citoyen Abraham-Louis Breguet un certificat de la Demande qu'il a faite d'un Brevet d'invention, pour l'objet ci-dessus décrit. Le Brevet, aux termes de la Loi du 25 Mai 1791, sera promulgué dans les trois mois, par la voie de l'insertion au Bulletin des Lois./

Paris, le Sept Messidor An Neuf.

Le Ministre de l'Intérieur

寶璣精心研创的陀飞轮腕表面世已逾200年。

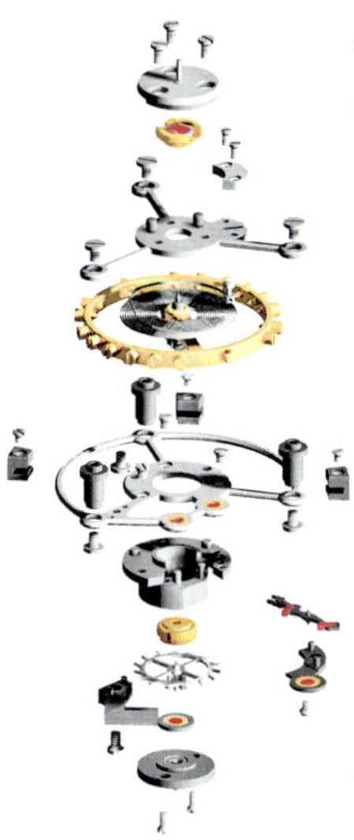

陀飞轮旋转装置的透视图。

Breguet. La passion laisse des traces.

中国特约经销商：

(北京) 英皇钟表珠宝赛特店－(010) 8511 0800
新宇钟表北京亨得利瑞士名表专卖店－(010) 6525 3490
北京冠亚名表城新东安店－(010) 6528 0390
(上海) 东方表行(上海久百城市广场店)－(021) 6288 2819
上海新宇钟表(上海钟表商店)－(021) 5306 6503
所罗门钟表珠宝有限公司(上海企业天地店)－(021) 5382 7206
(大连) 大连天辰表行有限公司－(0411)-8230 1247
(沈阳) 沈阳大公钟表有限公司－(024) 2340 4588
(长春) 长春国际钟表店－(0431) 8919 026
(哈尔滨) 哈尔滨远大购物中心－(0451) 5364 8128
(宁波) 宁波美和珠宝钟表行－(0574) 8774 4318
(重庆) 重庆美达实业有限公司－(023) 6372 6088
(长沙) 东方表行(长沙王府井店)－(0731) 4892 433
(郑州) 东方表行(郑州裕达店)－(0371) 6772 3020
(深圳) 深圳金光华广场现代表行－(0755) 8261 1299

查询电话：(021) 6426 7968-262

www.breguet.com

2005

瑞士钟表产业概况回顾

SWISS WATCH INDUSTRY

经过2004年风光的一年，瑞士腕表出口在2005年又创下新高，2位数的增长轻松地刷新了120亿瑞士法郎的纪录。从2003年开始，出口的增长就不断地看涨，在2005年持续水涨船高。

2005年，瑞士腕表出口达到总额12,323.8百万瑞士法郎的成绩，比2004年增加了10.9%，即12亿瑞士法郎，尽管也许不如2005年来得强势，预计将会持续涨停到2006年。

2005年瑞士成表出口表现

成表的出口总值占了整体表现很大的部分，约是114亿瑞士法郎，增长12.0%，比其他的产品多了许多，共有24,300,000只瑞制腕表出口到外地，比起前一年少了840,000只，下跌了3.3%，长期的数量下滑在2005年中持续了一整年，反应了市场结构的变化，出口这个区块也逐渐在适应这个变化当中。

历年瑞士钟表出口总额（单位/百万瑞士法郎）

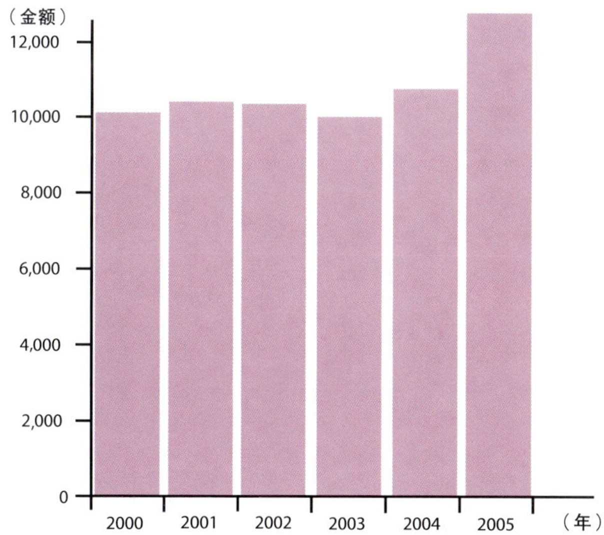

2005年瑞士成表出口分布(单位/百万瑞士法郎)

国 家	2005年总值（单位：百万瑞士法郎）	成长率%	出口占比%
美国	2,147.7	+14.5%	17.4%
中国香港	1,768.3	+7.7%	14.3%
日本	1,145.1	+15.7%	9.3%
意大利	842.1	+8.4%	6.8%
法国	660.3	+8.1%	5.4%
其他国家	5,760.4	+10.5%	46.7%
总 计	12,323.8	+10.9%	100.0%

腕表材质的表现

18K金材质腕表占了2005年最大幅的增长，增长17.0%，总额为33亿瑞士法郎。精钢表达到49亿瑞士法郎，这个大受欢迎的材质增长了10.3%，比平均值来的低一点。同样在出口中占了很重要份量的是双金属产品，主要是黄金/精钢，占了18亿瑞士法郎，年增长为13.3%。这三种材质占了全部总额的90%左右，同时，铂金腕表出口额也增加了17.2%，尽管在销售数目上，相对显得少了点。

产量和产值图表

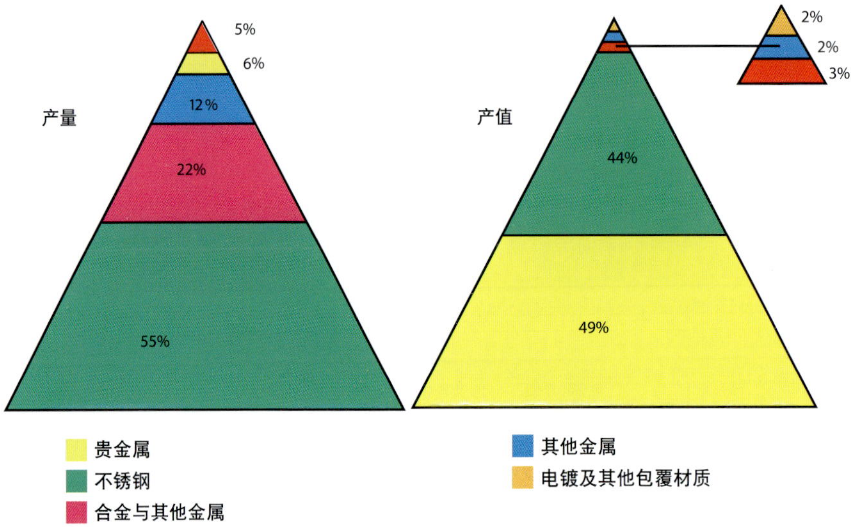

从产量来看，结果却是不太一样的，精钢表多出了13,000,000只腕表，在数量上增加了1.8%，大约每2只瑞士输出的腕表中，有一只即是精钢材质，但这增长仍然无法弥补其他材质在数量上所造成的下滑，所以总产量还是减少的。

瑞士机械和电子表的表现

机械表的增值(+16.7%)，比电子表多了3倍(+5.1%)，然而以单位来说，机械表多了8.8%，而其他的则小跌了5.0%，也因此少了1,100,000个单位，也让机械表持续站稳脚步，占了整体营业额表现的62%以上的成绩，但是却仍然比整体表现少了14%。

瑞士机械表和电子表产值图表（单位/百万瑞郎）

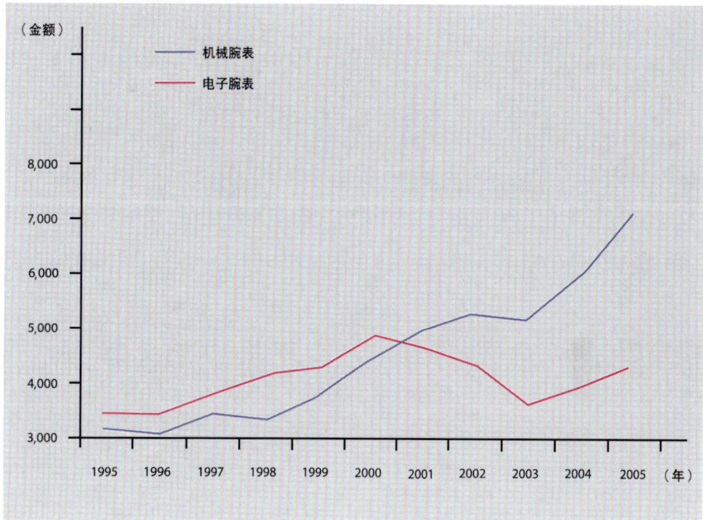

2005年全球钟表主要出口国际市场概况

2005年瑞士腕表出口在5大洲都有所增长，亚洲更是独占鳌头，占了整体表现的42.9%，增长了11.2%，约是53亿瑞士法郎，以些微差距位居榜眼的是欧洲，有41亿瑞士法郎的成绩，增长了8.1%，显示这个地区惊人的潜力；第三个重要的市场则是美洲大陆，增加了13.7%，到达27亿瑞士法郎，一整年维持了这个比率。大洋洲和非洲也是充满商机，尽管市场比例不大，大洋洲比2004年多出了26.8%，也就是142,700,000瑞士法郎，而非洲则是增长21.1%，115,700,000瑞士法郎，然而这两个地方的发展亦都令人满意。

为瑞士腕表工业主要市场的美国，延续2004年的成绩。出口到中国香港的增长率较慢，但仍旧在增长，而日本的增长十分急速，收尾令人惊艳，也确认这个重要的市场在经过不景气后，已开始恢复。欧洲几个重要的市场也有几个令人满意的成果，如意大利稳定增长，法国在年底急速增长，而德国在年底时的增长也超过欧洲整体的平均值。最令人满意的则是瑞士腕表在中国大陆、中国台湾和南韩的表现。

瑞士钟表主要出口国际市场占比

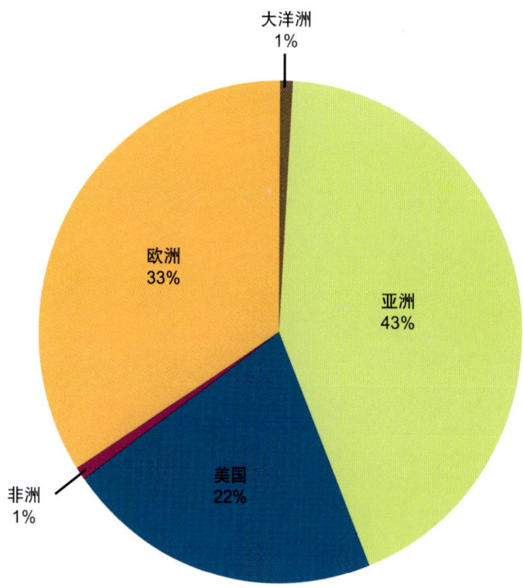

全球腕表出口国家与地区表现

这边所提供的，是几个比较主要的地区或国家腕表进出口数值，并不代表全球腕表生产量。粗略的计算虽有达到12亿只腕表，但实际的数据会因为有些商品重复出口，造成误差。然而这些数据仍清楚地反应着市场的主力，和凸显全球市场的趋势。

2005年，瑞士为全球首屈一指的钟表产品出口地，总出口值达到100亿美元，创有史以来新高。撇开汇率影响，以当地币值来看，增长比2004年多了11%，以目前市场来看是全球主要腕表出口国家最大幅的增长，同一个时期，中国香港出口或重复出口，价值60亿美元，主要外销至美国、中国大陆、日本和瑞士，这个数据年度增长只多了1%。而在执牛耳的三巨头中，中国大陆的出口价值达20亿美元，比2004年降低4%。

德国出口的时计总价值10亿美元，比前一年多了4%的增长，降幅最大的是日本，缩少了9%的出口，总额仍有951,000,000美元的成绩。

全球主要出口国家与地区图表(单位／百万美元)

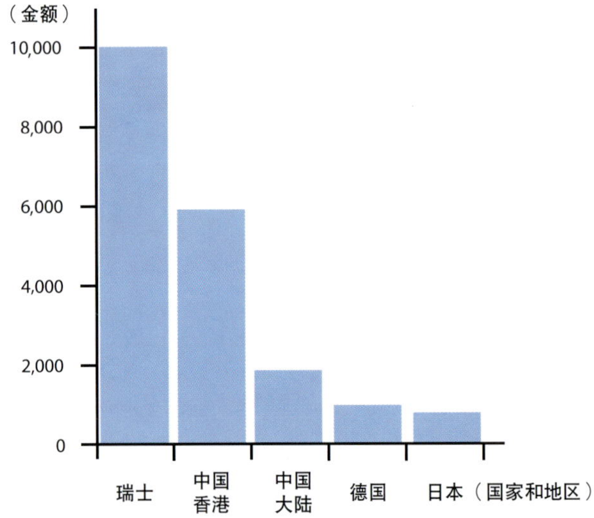

2005年全球腕表出口国家与地区表现

以交易量来看，中国大陆在2005年为最大的成表出口地，总计880,000,000只的数量，不过若和2004年相较，减少了15%。位居第二的中国香港同样也经历了类似的减额，但总值仍超过6亿美元。交易值第一的瑞士，交易量则位居第三，远远落后在亚洲制造商之后，相差了24,000,000只出口的时计，以年度来看，减少了3%。

主要制表国家并不是只活跃在单一产品分类，中国大陆出口的腕表主要为电子表，售出价格平均为1块美元，这个价格让中国香港的6块美元看起来显得有点高，但是这些数据无法跟瑞士腕表相较，主要是因为2005年瑞士出口的腕表平均价格高达377美元。在两者价位之间，欧洲国家和美国出口的产品价值约在30到60美元之间。

主要腕表出口国家与地区

国　家	数量（单位：百万支）	成长率%
中国大陆	884.6	-15%
中国香港	627.3	-15%
瑞士	24.3	-3%
德国	10.8	+2%
美国	10.7	-7%
英国	7.7	+86%
法国	6.3	+5%

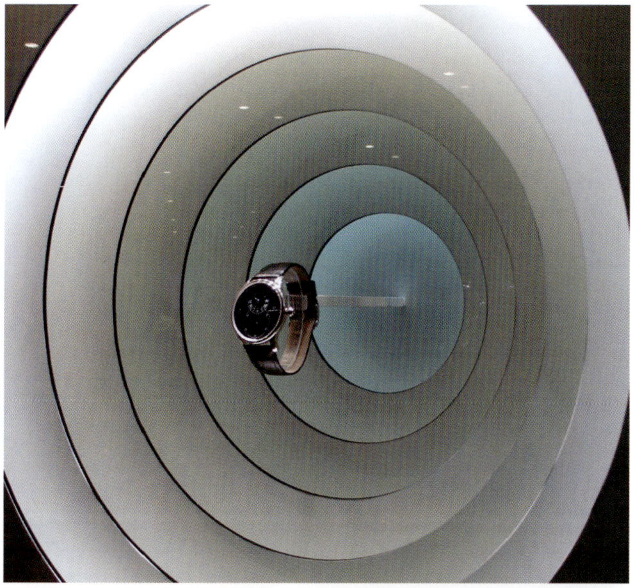

全球腕表进口国家与地区表现

主要5个腕表进口市场的需求在2005年都有所增加，中国香港进口了46亿美元的计时产品，当中有许多是重复进口的。进口到美国的产品价值是39亿美元，而日本进口腕表达到22亿美元，为最大幅的增长。瑞士和德国旗鼓相当，各自为12亿美元。

主要进口国家与地区(单位/百万美金)

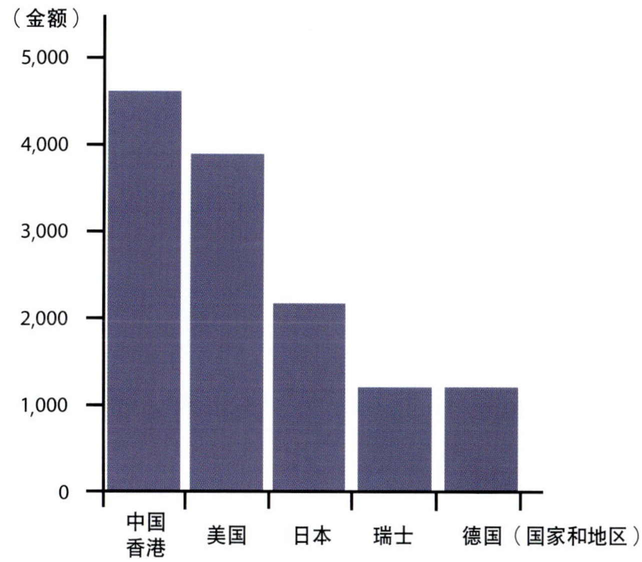

全新表款

10大趋势分析

2006

趋势 1. 机芯革命
擒纵系统、材质与能量传输创新

趋势 2. 自制机芯盛行
别无分号的光荣印记

趋势 3. 复杂创意恒动
想像力挑战工艺极限

趋势 4. 逆跳流行风潮
感受指针瞬间逆跳的动感

趋势 5. 重视表底装饰
从背后解读腕表之美

趋势 6. 东方势力崛起
异国文化的神秘魅力

趋势 7. 周年荣耀纪念
铭刻品牌里程碑的纪念表款

趋势 8. 腕表结合运动
搭配赛事主题的多元行销

趋势 9. 暖棕色大流行
玫瑰金与巧克力色的多重组合

趋势 10. 璀璨珠宝表
复杂功能富贵逼人 & 设计与材质的自然取向

~2007

机芯革命

擒纵系统、材质与能量传输创新

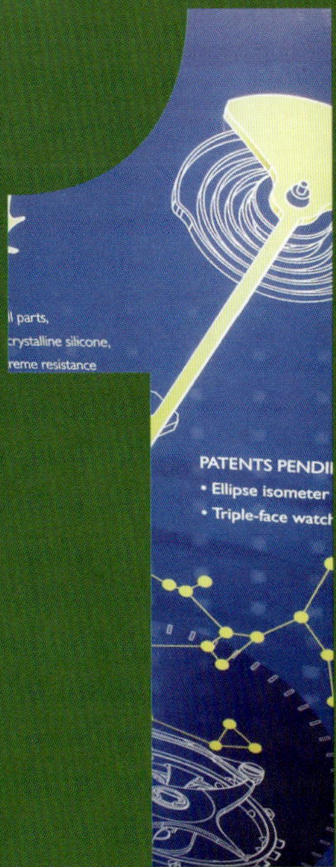

2006年，瑞士表展Spotlight的焦点之一，绝对是在擒纵系统的改革研发，以及增进能量传输的稳定与续航能力。这个腕表内部的革命成就，或许在外表上无法让人一眼就察觉其伟大之处，但不论是在佩戴上所能体会到的精准度，或是在钟表演化史上所标志的里程碑，都该获得更多的掌声！

当时间一词出现于人类史之后，就正式宣告其被“量化”的本质所在。在字词的意思上，即很清楚地表达，原本无形的“时”，开始有了“间”隔，自此有了“等时性”，造就了我们现在习以为常的时间标准。

在腕表上面，如果要用机械装置来表达的话，就是利用发条盒游丝的金属力量，驱动整个轮系的齿轮运作，但是因为发条盒游丝所提供的力矩是没有“节奏”的，所以必须搭配游丝摆轮与擒纵器，调整成稳定的等时性，再借由不同齿数的齿轮，分别显示时、分与秒等。

简单来说，擒纵装置负责两项任务：一是透过精细调节发条盒输出的动力，来保持摆轮与游丝的惯性一致；二是借由擒纵原理来避免齿轮运转失控。从发条盒，以至于到借由擒纵器控制游丝摆轮规律运作的整个过程，也就成为时间精准的关键所在。

游丝摆轮与擒纵器，也是腕表的心脏，因此为了提高时间之精准度，近年来，擒纵系统成为顶级钟表品牌竞相投入发展的重要领域。或是从零件材质与结构上着眼，所有革命性研发的目的，都是为了能够提高能量传输的稳定力矩，或是加强擒纵器所提供的稳定节奏。

新材质方面，包括了百达翡丽、劳力士与SWATCH集团所共同策划的矽晶材质零件，其他研发出新材质之擒纵系统的则包括雅典与积家表厂等。

全新擒纵结构则包括了积家所提出的扳机式擒纵结构，与AP爱彼表结合两大擒纵优点所成就的全新擒纵系统，雅典则是将原本的双擒纵轮放于品牌首枚的自制机芯之中。

DEWITT则在发条盒与擒纵器之间，多加了一个可以稳定动力力道的全新装置。在长效动力传输方面，则分别由JACOB & CO.与BOVET领先群雄。

2006年，这个隐于内部的革命性发明，其实就长期来说，是相当令人振奋的。因为在复杂功能的发展已达巅峰之时，竟然在机芯内部之革新领域看见了前所未有的无限可能，且每个看似微小的发明，也许都有可能改变机械腕表的整个发展史！

AUDEMARS PIGUET

撷取两大擒纵器优点

在Swiss lever escapement瑞士杠杆式擒纵系统成为主流之前，其实钟表先驱曾发明了数种不同结构的擒纵系统。其中1791年，Robert Robin提出了一项融合detent棘爪擒纵系统（高效率）与lever杠杆式擒纵系统（运作稳定）长处的新发明。

Robin所发明的擒纵系统具有几项优异特质，包括：分离式单击擒纵系统，单一一次传动敲击可使摆轮振动两次，因此可减少运作的干扰，大幅提高效率；动力直接从擒纵系统传送到摆轮，不需要经过杠杆型擒纵叉（俗称马仔），因此大幅降低能量耗损率。Robin的发明虽然巧妙高明，却未受到广泛应用，主要是由于其结构若受到外力撞击，擒纵结构与摆轮轴心的连接就有可能松开。

爱彼2006年所正式发表的全新擒纵系统，则完善地改进了Robin的设计。关键就在于爱彼的制表师特别设计了新式Guard-pin"防护拴"，确保擒纵系统在任何状况时不会意外滑脱。

其实爱彼表这项技术在5、6年前就已经研发成功，但为了确定这个新的擒纵系统之稳定性，负责这项研发工作的APRP机芯厂，针对这项新技术经过数年的长期试验，在测试成功之后，才于今年正式发表。AP的新擒纵轮结构，因为少了马仔的中间传输，加上齿轮与宝石的接触面大幅减少，所以从擒纵轮到摆轮的能量传递过程中，瑞士杠杆式擒纵系统消耗了65%能量，爱彼擒纵系统却只消耗48%的能量。

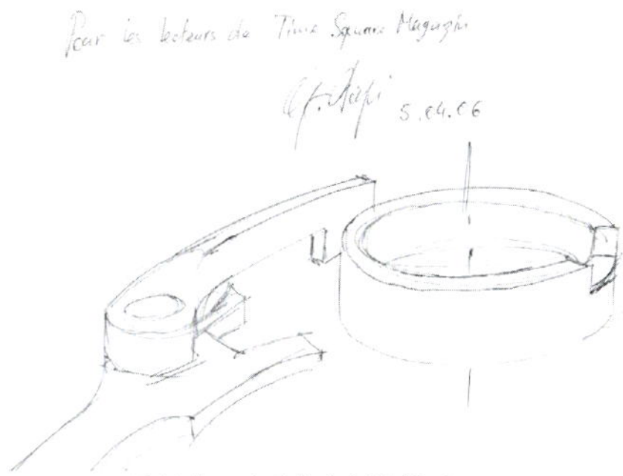

Guard-pin防护拴，为爱彼全新擒纵系统的重点所在，这个防护拴就犹如一个安全的手指（Safety finger），在擒纵系统运作之时，不是环绕在摆轮轴心外围，就是切入轴心里面，确保系统在任何状况之下都运作无误。

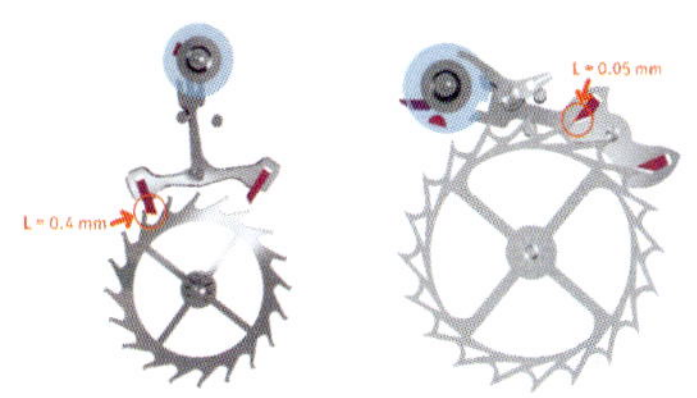

与传统杠杆式擒纵器相较，爱彼擒纵系统擒纵轮与宝石接触的面积从0.4mm减少到0.05mm，因此可减少对润滑油的需求，不仅简化保养工作，也可避免润滑油蒸发之后留下油渍堵塞机械装置。

由Giulio Papi（左）主导的APRP机芯厂，主要负责爱彼表复杂功能之研发，爱彼全新擒纵系统即出自APRP机芯厂，Patrick Augereau（右）负责新擒纵系统的实际执行层面工作。

八大天王系列第五号腕表

AP全新擒纵系统率先用于八大天王系列第五号腕表（Cabinet N° 5 of the Tradition of Excellence Collection），让其误差仅正负1秒/日，Papi表示这个新的擒纵系统日后也会运用在爱彼表的其他表款上。

机 芯 革 命

JAEGER-LECOULTRE

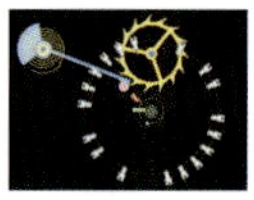

新材质扳机式擒纵器

从集合17项复杂功能的大复杂工艺，到首创的三面表盘，Reverso Grande Complication a Triptyque，毫无疑问是积家臻于巅峰的另一经典之作，但酝于腕表内，具有6项专利的革命性发明，包括：扳机擒纵结构、钛金属陀飞轮框架，传输能量到底座万年历的杠杆装置，更是耐人寻味。

Ellipse Isometer Escapment扳机式擒纵结构的运作原理是让摆轮尽可能自在摆动，与广为人知的擒纵叉式擒纵结构不同。后者是在每一次振频中都会介入干涉，但前者仅在摆轮完成来回一次振荡周期时，进行一次冲击擒纵轮的动力分配过程。而摇杆式擒纵结构则被公认是扳机式擒纵结构中最成功的一种，它集合了各项面面俱到的优点于一身，常被航海钟与瑞士怀表所采用。

然而，扳机式擒纵结构对震动特别敏感，影响精准性能。经过多年来在精密计时几何学与材料学领域的深入研究后，积家成功克服这项障碍，制作出全新的扳机式擒纵结构。为了让椭圆等距变换擒纵结构在任何位置都能够顺畅运转并承受撞击，结构中的挡捍与擒纵轮都采用单晶矽制作。单晶矽是一种质地轻、硬度高、抗磁场、而且抗磨损的材料，积家投入数年的研究，成功将其运用在腕表制作当中。全新的擒纵结构，不但重量轻巧，更可省去上油润滑的保养步骤。

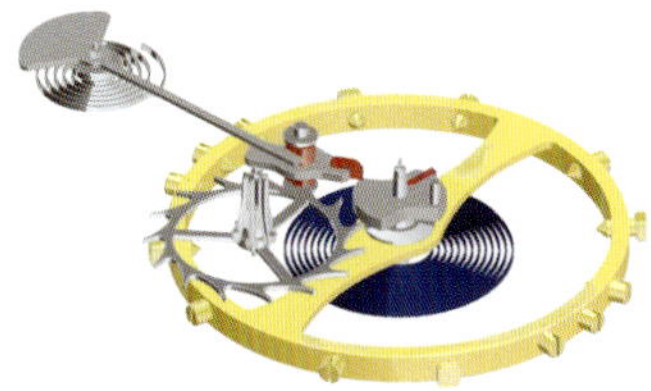

积家擒纵结构由擒纵轮、冲击盘、挡捍与制动装置等四个部件构成，制动装置的长挡捍负载有一枚平衡锤，与其相连的游丝发条让平衡锤端点轻轻接触在平坦的椭圆盘表面上，发挥稳定挡捍的作用。其摆轮游丝也改为蓝钢材质。

此腕表所具备的革命性陀飞轮装置拆解后各细部图。（1）采用偏心式摆轮装置的陀飞轮装置。（2）硕大的摆轮仍具有高振频21,600次/小时。（3）全新的扳机式擒纵结构。

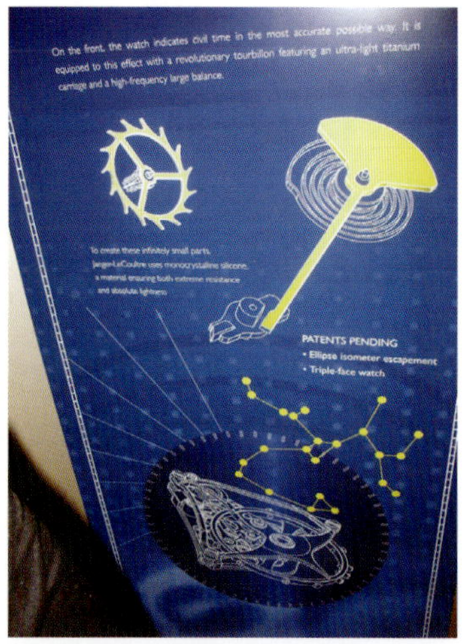

钛合金陀飞轮框架，单晶矽挡捍与擒纵轮，同样地具备质轻、坚硬与抗磨损等特性，让整枚陀飞轮装置总重仅0.38克，一旦与扳机式擒纵结构相结合，就能够实现登峰造极的精准性能。

Reverso Grande Complication a Triptyque

以首创的三面表盘，来显示17项复杂功能，已经令人瞠目结舌，但Reverso Grande Complication不仅于此，腕表所蕴藏的机芯革命，与外显的复杂功能一样精彩。

ULYSSE NARDIN

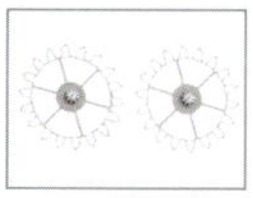

新材质双擒纵轮

钟表身为时计的终极要求，就是“精准”。于是，高科技材质被引入腕表的制作，绝对不仅是花拳绣腿的噱头。当某一高科技材质可以达到较现今普遍运用材质更为稳定的质素，不论是对湿度、温度、磁场、化学及物理稳定度，或是抗磨损的超高硬度，将相关新材质制成技术植入机芯内部，对于时间准确度，有其绝对之必要性。

雅典表，为近代最早将新材质运用到擒纵系统的表厂，2001年率先将矽晶体运用在擒纵系统上，之后更开发了多晶钻石齿轮与游丝等。2006年，雅典表所发表的第一枚品牌完全自制机芯，在品牌历史中当然有其关键意义，为延续新材质技术之先驱地位，雅典表再度发表了以质量更轻的亚磷镍质材所制成的双向擒纵轮，让这枚自制机芯更具话题性。

有别于传统瑞士杠杆式擒纵系统的单一擒纵轮结构，原本装置于2001年所发表的Freak奇想陀飞轮的双擒纵轮结构，2005年改以多晶钻石材质制成。今年，雅典表以重量更轻的亚磷镍（9 g/cm3），并引入半导体技术，将亚磷镍蚀刻成镂空擒纵轮，达成双擒纵轮轻量化的目标，不增加动力供给的前提下，强化了双擒纵轮的优异特点，也就是利用顺、逆时针转动的两个擒纵轮，共同负责传输动力到摆轮，能大幅提高计时的精准度。

雅典的双擒纵轮，分别具18个齿轮，不论在外型、及性能都是相同的，每个齿轮末端的锯齿设计有着多重性能，它可与对向的擒纵轮互相咬合，也可间接传送与释放推力到摆轮上，它们非直接和摆轮咬合，这也是“双向间接擒纵装置”Dual Indirect-Escapement命名的由来。

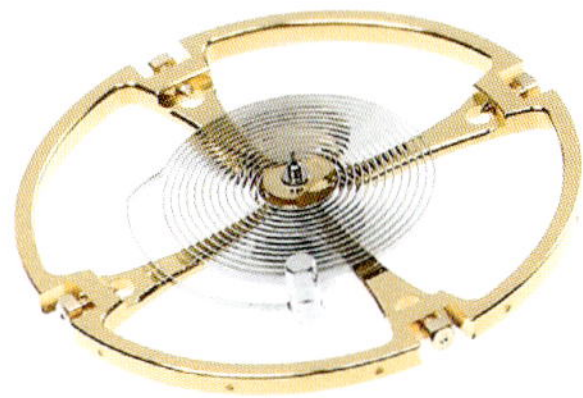

除了亚磷镍双擒纵轮的革新发明，在游丝摆轮结构，也有许多巧妙的设计，例如摆轮振幅降低至约30度，降低摆轮磨损度且可提高摆动精准度；四颗均时螺丝设于摆轮凹槽内，减低不稳定气流对摆轮运作所造成负面影响。

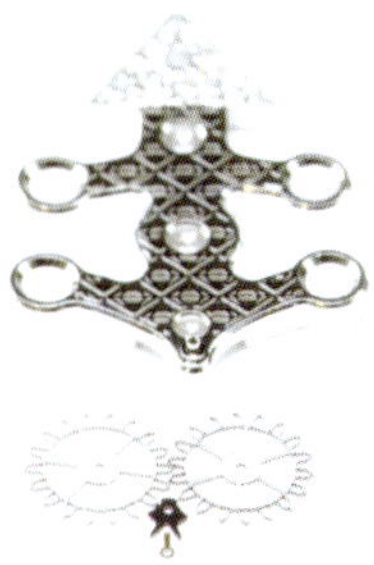

原本装置于2005年所发表的Freak奇想陀飞轮的双擒纵轮结构，是以多晶钻石材质制成，今年雅典表改以亚磷镍蚀刻成镂空双擒纵轮，以更轻的重量，达成更优异的能量传输。

Anniversary 160

ULYSSE NARDIN雅典表为庆祝创厂160周年推出Anniversary 160，配备品牌首枚全新自制机芯。为慎重其事，这枚机芯具有许多创新装置，其中最引人注目的，当然是以亚磷镍制成的Dual Ulysse 双向擒纵轮。

PATEK PHILIPPE

新材质摆轮游丝

2005年，百达翡丽发表的5250年历腕表，具备单晶矽擒纵轮，无疑地在新材质运用上标注了重要的一笔。今年，百达翡丽乘胜追击以破天荒的单晶矽游丝，宣告了单晶矽材质的无穷潜力。

矽是一种半金属元素，运用到腕表之中的，是一种与生产微型晶片所使用的单晶（Single Crystal Silicon）相同，此种由多晶矽衍生而出的单晶矽结构，具有质轻、高硬度、抗磁腐蚀等优点，且其最令钟表大师赞叹的是，以此物料所制成的擒纵轮，其与宝石啮合表面，无须再经由润滑油处理，将使钟表的运作更为精密、可靠。

今年的5350年历腕表，则将单晶矽之优异特质，扩展到游丝上，且这个破天荒的单晶矽游丝，在设计上也相当具有指标性改革，例如全新开发的"百达翡丽末端弧线"装置。

以同样的单晶矽为材质制作出专利Spiromax®摆轮游丝，这种新物料具有多项优点，但仍无法解决游丝收放规律不均的问题，为此一个崭新的"百达翡丽末端弧线"自此诞生，其特色在于游丝的外端较厚，迫使游丝扩张及收缩时能朝着同一中心移动，另一优点为其摆动面同一水平以内，所占的空间较传统双层盘绕游丝少三倍，为超薄机芯预留良好发展空间；游丝的内部中心设有一个三角形底座，连接摆轮杆部份，外端则是一个连体并拥有独特几何形状的连接短栓，能准确界定游丝的有效长度。

百达翡丽去年所发表的单晶矽擒纵轮结构，因为其众多优异特点，为表坛革命带来新思维，其最大的优异特点在于出色的物理性能，包括硬度高、表面细致，因此其与马仔红宝石接触的地方不用上润滑油。

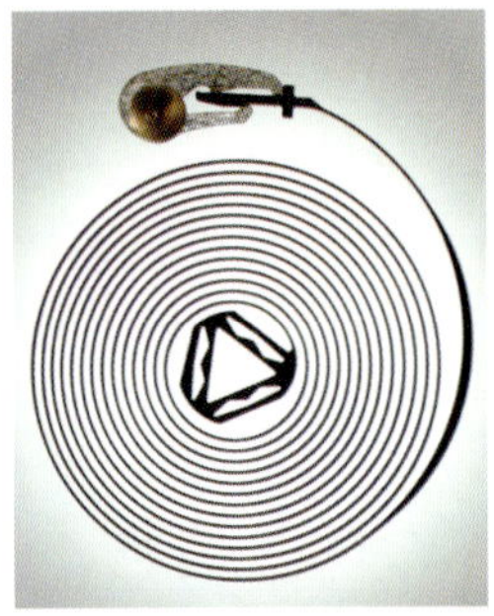

今年百达翡丽再度发表的单晶矽游丝，则是因为其重量轻、不受温差、磁场等影响，提供摆轮稳定之扭力，配合同样材质构成的擒纵轮，维持机芯良好的等时性。

如同去年所发表的5250，今年的5350之表底盖也同样铭记Patek Philippe Advanced Research字样，并在擒纵系统部分，以放大镜效果的蓝宝石水晶底盖，让配戴者可以清楚鉴赏单晶矽擒纵轮与摆轮游丝等零件。

Ref.5350年历腕表

众所皆知，年历表为百达翡丽于1996年所创，所以继去年装配矽擒纵轮的5250年历表，2006年率先引用这个单晶矽Spiromax®摆轮游丝的5350腕表，还是选择了最能注记百达翡丽工艺的年历功能。

BREGUET

全套矽擒纵系统

宝玑今年发表了两款具备矽擒纵系统的全新表款，同样以单晶矽为材质，同样以其最经典的款式做为首演的舞台，宝玑的Classique 5197与5177，以宝玑最为经典的外貌为基础，蕴藏着最先进的新材质技术。

Classique 5197腕表配备宝玑双发条鼓机芯591A，是第一款使用全套“矽元件”(如矽擒纵轮、杠杆及摆轮)的机芯。矽摆轮设有中央曲线、可变齿节与段节，还有集成游丝内椿。表匠设计全新矽摆轮游丝时，必须克服厘定温度系数的挑战，让腕表在任何温度下也保持稳定速率。这项已获专利的卓越技术能改善机芯的等时性，达到以往只有宝玑双层游丝才能达到的计时效果。此外，另外一款5177则同样配备矽晶擒纵轮与马仔，但游丝则并非由矽晶材质制成。

2006年，宝玑与百达翡丽，都推出以矽材质的擒纵系统，因为由这两个举足轻重的顶级品牌所提出，所以也更具其深层影响力。这两个顶级品牌之所以会在今年都以矽材质擒纵系统为年度主题之一，其实也是因为两者加上劳力士，这三大钟表表坛巨头破天荒地携手合作，加上与瑞士电子与显微技术中心CSEM的技术提供，达成了破天荒的新材质革命。

综观来说，将新材质引入擒纵系统，虽然对腕表已有跃进性的改革成就，但既然是由顶级品牌提出，他们当然不会就此引以自满，而会搭配上其他的结构改进，在新材质与新结构的两大利基交乘下，确立了机芯内部革命性的震撼影响！

从1795年起至现今，宝玑的表盘具备隐藏之签名。在2006年所推出的Classique 5197与5177表款中，则可在全新的单晶矽杠杆及擒纵轮上，看到相同的BREGUET签名字体。

Classique 5197与另一款5177最大的不同，除了可在形于外的表盘装饰刻纹一见端倪之外，其实内部最大的关键点在于，除了同样都具备单晶矽擒纵轮与杠杆之外，Classique 5197的摆轮游丝也是由单晶矽所制成。

单晶矽擒纵轮与杠杆，其蓝色的色泽，在其它机芯零件的银色光泽衬托下，相当鲜明、耀眼，可透过蓝宝石透视表背欣赏这个相当具有划时代意义的全新发明。

Classique 5197

沿袭宝玑的古典美学标准，Classique 5197系列充份彰显简朴无华的造型。表面配以18K黄金或18K白金表壳，表盘为用人手以刻花机雕刻的圆形大麦粒图案，交错的半月形饰纹，形绘出单晶矽摆轮游丝的优美形态。

DEWITT

稳定能量的创新革命

继2005年推出获得“日内瓦钟表大奖技术革新”奖项的DEWITT专利上链系统。2006年DEWITT再度发表突破性的能量调节系统，装置于新发表的Academia Force Constante陀飞轮表款之中。

2006年，DEWITT再度推出一个已注册专利的全新Force constante device能量持续推进装置。在Jérôme de Witt的主导下，DeWitt的钟表师父在传统机芯里再加入一个加强频率稳定的机制，用意在将原本容易失调的机动力，转换成安稳的持续推进的力道。

因为一般的机芯，发条释放的能量在经过中心轮、第三、四轮的减速之后即传动到擒纵轮的装置中，再经由摆轮游丝的反作用弹力，造成摆轮规律地往返运动，以达成控制擒纵轮及轮系调速之目的。

DEWITT创新发明的关键就在于一个可以自动调整能量输出稳定度的“能源转换器”，位于驱动力（发条盒）跟调节器（陀飞轮或擒纵轮）中间，此装置每一秒钟就会吸收发条盒所制造出来的力道，每十秒钟再将其分散至陀飞轮结构，因此每分钟可完成六次的稳定能量传输。为了保证机芯运转时的稳定与安全性，并多加了在传统机芯上所没有的齿轮，这三枚齿轮彼此紧密地跟其他两个齿轮互动，维持稳定的能量传输速率。

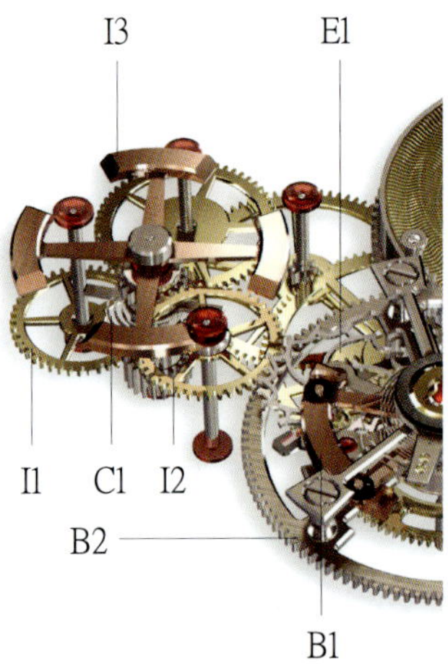

1. 第一枚Intermediate wheel调节齿轮（I1）将Constant force device与第三齿轮连结在一起，而介于Constant force device与擒纵轮则为第二枚调节齿轮（I2）。不管发条盒的上链状况如何，这个创新发明都可将稳定的能量传送给陀飞轮。

2. Constant force device由几枚零件所构成，让它与陀飞轮装置明显地区别出来。它由一个称做Inetia weight(I3)的调节器所组成，但基于美学观点它被做成“十字”形状，其作用在于促使Constant force balance-spring(C1)储存能量，然后能量会经由Constant force pinion（没有在解说图中）与第二调节轮被稳定的释放到陀飞轮装置中。

3. 与Academia Differential Tourbillon一样，这款表所采用的摆轮(B1)与擒纵轮(E1)结构与一般机芯大为不同，不仅摆轮的制作要重新摸索，就连擒纵轮与马仔的装置也要随之更改，例如一般呈锚状的马仔，在这款表所用的马仔，其马嘴与宝石位于同一直线。

4. 第二调节齿轮(I2)与陀飞轮框架底端(B2)直接咬和，提供一个稳定的动力来源。

Academia Force Constante Tourbillon

与陀飞轮装置相互媲美的Force constante device持续推进器，位于8点钟位置，利用半镂空表盘的设计，将穷究时间精准本质的两个神妙装置，作为表盘最引人注目的焦点所在。

JACOB & CO.

31日链源自7垂直排列发条盒

影响动力储存时间的要件包括：发条盒数目与大小、发条盒能量传输至轮系时的耗损度、振频大小与复杂功能数目等。发条盒数目与大小与动力储存成正比关系，因此增加发条盒数目或增大发条盒的尺寸，便可直接扩增动力储存之力道。在能量传输上，则或是以减少齿轮的数目，降低能量传输过程中的损失，或是将机芯内齿轮的轮齿形状做修改，让齿轮在不同的啮合度下都能维持良好的顺畅度。

JACOB & CO.今年发表一款具有31天动力储存的The Quenttin，是之前纪录保持者的double有余。这款表骄傲的动力储存天数，源于安置于垂直机芯的7个发条盒，让腕表可以整整一个月不用上链，透过表面即可清楚地鉴赏这枚构造全然不同于传统的手上链机芯。

The Quenttin

特立独行的机芯设计模组，其陀飞轮装置则必须透过右下表侧的视窗一见端倪，加上其优异的动力储存功能，仅需一个月上链一次即可，The Quenttin从里到外都颠覆了传统制表的既有规范与成就。

BOVET

22日链GMT逆跳日期陀飞轮

无关乎复杂功能，但却攸关腕表的运转之续航能力，动力储存在腕表上的重要性不言而喻。

自动上链机制的发明，便是为解决手上链机芯无法提供长效动力的遗憾。然而对于许多表迷与藏家而言，手上链机芯令人难以割舍的部分，正是在为腕表上链的当下，人与机械工艺借由机芯的运转而产生的情感连结，这也是手动上链机芯难以被取代的主因之一。因此，长效动力机芯的发展，非但不因自动机芯的诞生而稍有停顿，反而各家表厂不断投入更多心血，以期能突破动力极限。

BOVET今年推出一款长达22日动力储存的全新陀飞轮腕表，就外型与功能均见创意，强化品牌所坚持的“独特、唯一”之制表概念。Fleurier 44 22 Day Tourbillon Retrograde Date GMT，惊人的22日动力储存，于动力耗费极大的陀飞轮腕表中相当罕见，并具备逆跳日期与两地时间等功能，独特的莲花形陀飞轮框架，更赋予陀飞轮华丽的外观。

Fleurier 22日链GMT逆跳日期陀飞轮

这款表所装配的16BM01手上链陀飞轮机芯，具备双发条盒，让其拥有傲人的动力储存，并在表底盖中央以特别的指示盘指示动力储存状态，表壳3点钟位置滑簧，控制第二地时间显示。

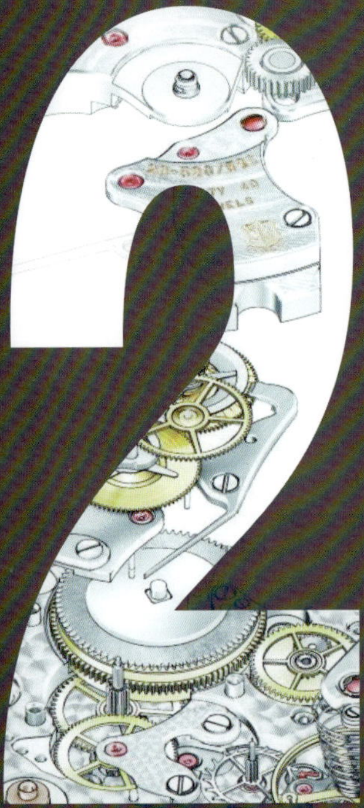

自制机芯盛行

别无分号的光荣印记

发展良好的基础机芯除了能广泛运用于系列表款之外，还能针对将来表款功能的增减而加以改造，创造出更多的腕表。更重要的是，“自制机芯”的光环不仅是品牌本身的光荣印记，更是立足表坛吸引表迷的最佳利器！

于今年的表展中，一股不容忽略的潮流隐然成形，从各品牌所推出的重量级表款以及代表作里，更可明显感受这股势力将影响日后表坛甚巨——自制机芯风潮的兴起。

众所皆知，目前最大通用机芯的产量与供应仍掌握在ETA机芯厂手中，而ETA则隶属于SWATCH集团。以目前表坛上的集团及市场分布来说，这样微妙的关系对于各表厂多少有一种受制于人的小小遗憾，因此有能力创制机芯的表厂纷纷投入大量时间、精神与物力于自制机芯领域，以期能达到自给自足，并且研发出更适于自家表款使用且彰显品牌风格的自制机芯。

严格来说，自制机芯的定义是指表厂从设计、零件制作到组装全部过程完全于厂内制作完成，其难度在于如何于已知的机芯构造中将不足之处改进，也许是新材质的研发运用，或是结构的改良，但无论为何，在借由提高稳定性与精准度的过程里将独家工艺与风格挹注于机芯，正是“自制机芯”与通用机芯的最大差异之处，也因此一枚装配了自制机芯的表款往往是各方瞩目的焦点。

但是自制机芯的成本相对于外购通用机芯明显高出许多，因此表厂在基于成本考量的前提下，最先的设定很多是针对某一特殊的表款或系列生产自制机芯，因而身价更是高人一等，当然也就非寻常百姓能轻易拥有。

但如果表厂在耗时费力之后所推出的自制机芯仅能用于旗下少数表款，那宣示的意义其实是大于实质的帮助，基本上和受制于他人的结果并无太大差别。因此今年几个有能力的大厂在完成了“实力展现”的阶段性任务后，开始将重心摆在基础机芯的研发创作，而已经有自制基础机芯的品牌则横向扩张让更多的系列表款加入自制机芯的阵容。也许以目前市场机制而言，所有表厂迈向“全系列自制”机芯的目标仍是遥远，但是这样的趋势却已是无可避免。

毕竟发展良好的基础机芯除了能广泛运用于系列表款之外，还能针对将来表款功能的增减而加以改造，创造出更多的腕表。更重要的是，“自制机芯”的光环不仅是品牌本身的光荣印记，更是立足表坛、吸引表迷的最佳利器！

GIRARD-PERREGAUX

GP2700与GP4500两枚全新自动机芯

芝柏今年新推出两枚分别装配于男、女表款的基础机芯，芝柏表所欲表达的形象与文化概念，更进一步地具体实现。

GP2700机芯直径19.4mm的迷你尺寸，是特别针对女性腕表所设计开发。不只展现芝柏对女性表款的重视，同时也印证日趋兴盛的机械女表风潮。GP2700机芯的单向自动盘，使用新开发的陶瓷滚珠轴承，省去上油保养的麻烦。独创的双层第三番车作法，将四番车缩小，加大发条盒的空间。不需添加额外模组，便可提供三种显示秒针的方式。而为了增加机芯的精准度，芝柏在擒纵轮上下装红宝石，减低零件摩擦造成的动力消耗；同时，装载交叉式摆轮桥。这两项改良不只增加精准度，同时方便调整及加强长期使用的可靠性。此外，直接在轮桥上加装调整螺丝，这是芝柏独特的指针微调，借此可缩小轮桥空间，同时对于机芯的调校也更为方便。

除了具有与GP2700相同的陶瓷轴承与缩小的四番车外，GP4500针对动力与稳定，也有其一套作为。特殊不对称棘轮设计，当自动盘单向上链停止时，可减低其空转的死角至15度，比一般的40度摆幅小得多，此举使得上链机制可以更为锐利，能凭借着小小幅度的摆幅上链提供动力。

Cal.GP2700
自动上链
振频：28,800次/小时
动力储存：40小时
宝石数：32石

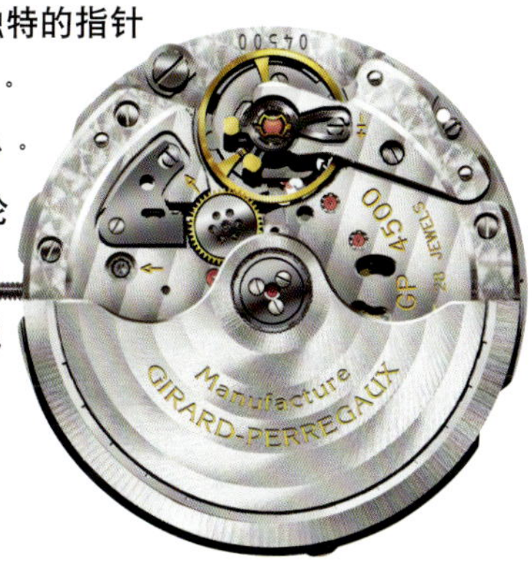

Cal.GP4500
自动上链
振频：28,800次/小时
动力储存：56小时
宝石数：27石

PATEK PHILIPPE

CH28-520自动上链计时码表机芯

百达翡丽继去年推出全球最纤薄的Ref.5970双追针单键计时码表后，今年再度展示了完全自行研发与制作的Ref.5960P年历计时码表。腕表内藏崭新的CH28-520自动上链计时码表机芯，由百达翡丽工作坊一手研发与制作，并结合百达翡丽专利的“年历”装置，更为腕表加添复杂性能。

CH28-520机芯有别于百达翡丽以往采用的导柱轮结构，于崭新的设计中，驱动中央计时秒针的码表中心轮(chronograph central wheel)和普通时计的第四轮(fourth wheel)之间的耦合，改用一个碟形离合器组件(disc clutch)，借此垂直传达(开始计时)或阻隔(停止计时)时第四齿轮与计时秒针之间的动力传输活动(vertical clutch)。此一新设计可以改善启动计时性能时齿轮突然需要啮合的情况，彻底解决了因反冲力酿成计时码表秒针剧跳或跃动的问题。此外，以往中继齿轮组在久经啮合后容易出现损耗的缺点也迎刃而解，配戴者现可经常保持计时秒针运作而无损腕表的速率准确度。而由于无动力损耗和额外磨损之故，码表秒针可以兼做时计秒针，因此5960P年历计时码表的积分积时显示设计也破格创新，弃用一般计时码表的三个小表盘面盘设计，转而采用位于面盘下方六点钟位置的一个大型圆形显示盘来总合呈现。

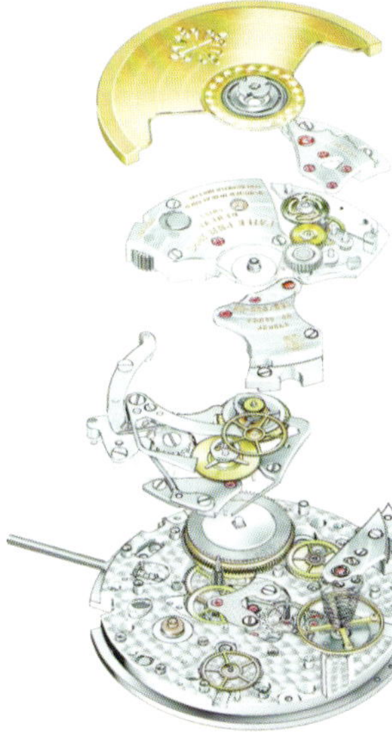

Cal.CH28-520
自动上链
振频：28,800次/小时
动力储存：55小时
宝石数：40石
21K金中置摆陀

JAEGER LECOULTRE

Cal.977自动上链机芯

Reverso腕表的造型精致典雅，性能坚固优异，成为积家最著名的经典表款之一。2006年积家乘胜追击所推出的Reverso Squadra，以方正的表壳设计，展现更为大器与阳刚的风采，不仅外型上带领了新一波方正潮流，在机芯内部也具有创新之研发成果。这三款腕表所装配的全新机芯，其自动盘的滚轴以陶瓷滚珠，取代原本的不锈钢珠无需使用润滑油，也免除了维修保养的需要。机芯的另一项新技术，是在平衡摆轮的外圈固定四枚调节螺丝，取代原本的游丝调节器，游丝的两端以雷射焊接的方式，分别固定在摆轮栓与轴心管上。其中Hometime所装配的977型机芯，创新将调节起点的轴心管座由螺丝定位，而过去单边连接的摆轮夹板也摇身变成摆轮桥，两端均以螺丝固定在主机板上，有效地提高了稳定性。此外，机芯并设有两枚保护网，避免摆轮游丝因剧烈撞击而变形。

Cal.977
自动上链
振频：28,800次/小时
动力储存：50小时
宝石数：29石

ULYSSE NARDIN

UN160自动上链机芯

雅典表为庆祝创立160周年纪念，特别推出160周年限量纪念腕表，内部并采用雅典表研发的首枚自制机芯——UN160。UN160特别之处在于采用双向擒纵装置，以顺时钟与逆时钟方向转动交互配合，直接将动力传送至摆轮。也由于采用了双擒纵轮结构，有别于传统马式擒纵的单一擒纵轮结构，首当其冲的问题就是重量增加，为解决此一问题雅典表引入半导体产业用来制造微结构的深刻电铸模造技术，以光学微影制程与电镀技术将亚磷镍蚀刻成镂空擒纵轮。每立方公分的亚磷镍重量为九克，因此，雅典导入半导体技术所制作的镂空擒纵轮，令原本质量较重的镍变得非常轻，完全符合雅典双向擒纵轮“轻”的需求。此外为增加其机芯防震性能，更在平衡摆轮上固定以全夹板，有别以一般仅以半夹板固定，在防震与稳定度更为优质。UN-160自制机芯通过 C.O.S.C.认证，并拥有50小时动力储存，动力完全由单一发条盒供应，发条盒的自动盘则以陶瓷滚珠轴承固定，免除日后上油保养的工序。

Cal.UN160
自动上链
振频：28,800次/小时
动力储存：约50小时
宝石数：27石

FREDERIQUE CONSTANT

FC-930自动上链机芯

FREDERIQUE CONSTANT康斯登于2004年首度推出自制机芯心跳表款后，决定向顶级表厂看齐，借由研发自有机芯以强化专业制表形象时，一枚“专为心跳表款量身订做的心跳机芯”便成为此一任务的最重要考量之一。

今年所推出限量1,888只“HBM自动心跳自制机芯表款”可说是多年耕耘有成、更上一层的实力展现，在以通用机芯为主流的中价位机械表中可说令人刮目相看。全新的FC-930心跳机芯拥有多项专利特色，并在向来仅有手上链机芯的心跳家族里成为首枚具自动上链功能的心跳机芯。而最引人入胜的，则是采用崭新设计的镂空自动盘，让一向被表迷所诟病无法尽情浏览机芯之美的自动盘，变成镂空可透视的优雅设计，搭配防眩蓝宝石水晶玻璃表背，让自制机芯之美一览无遗。

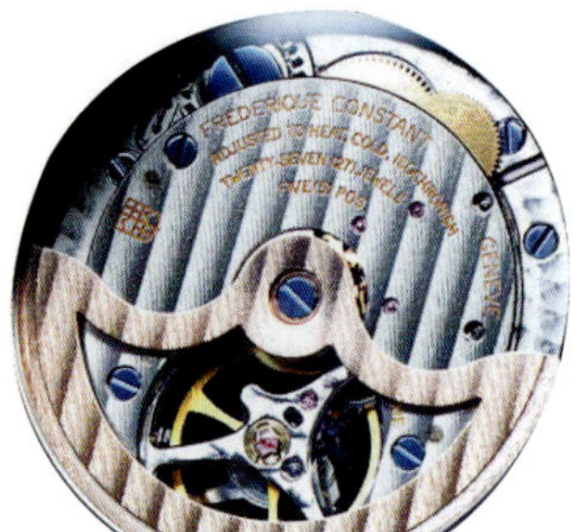

FC-930
自动上链
振频：28,800次/小时
动力储存：约46小时
宝石数：27石

PIAGET

850P、800P、450P与608P 四枚全新自制机芯

PIAGET除了不断地在顶级珠宝领域，展现身为珠宝名家的不凡工艺外，对于腕表的创作，伯爵同样精益求精，今年共发表了850P、800P、450P与608P 4枚全新自制机芯。

1874年开始，伯爵表即以位于侏罗山区的拉绍德芳为据点，奋力不懈地研发in house机械机芯，让伯爵在瑞士顶级制表历程中，荣耀地站稳“全方位制表厂”的脚步。为了不负过往丰饶的历史勋绩，伯爵在过去8年内发表逾11枚自制机芯，综观同属金字顶端的高级钟表品牌，仅有少数得以与伯爵的创作成就匹敌。

其中608P机芯展现了大胆惊人的创意突破，将陀飞轮装置整个移至表盘上，将陀飞轮以60分钟为旋转单位绕行，并让陀飞轮装置脱离了总是固定于表盘一角的局限，而移至分针末端上。由于陀飞轮装置相当的精密，所以必须让陀飞轮保持在一个稳固的基座上，因此装置有陀飞轮的分针，其实是一个圆形的框架隐蔽在表框之下。

另外三枚自制机芯，则各自以实用功能与超薄尺寸，各胜擅场。美学及功能性回应新世代生活的使用需要850P自动机芯，具有第二时区功能，与72小时动力储存，双向上链自动盘并铭刻以伯爵徽饰；450P手上链机芯，以超薄尺寸2.1mm，将伯爵曾获金氏世界纪录超薄机芯的荣耀，再度发扬光大；800P自动机芯具备简单的大三针与日期功能，双发条盒将动力储存延长为72小时。

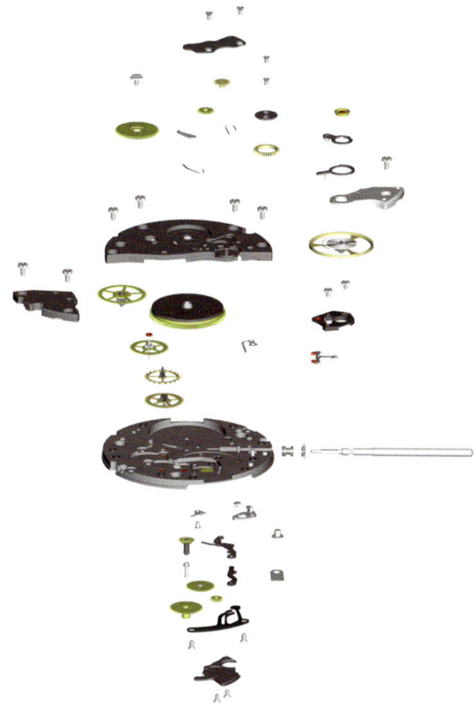

450P 超薄机芯
手动上链
机芯厚度：2.1mm
宝石数：18石
振频：21,600次/小时
动力储存：约40小时

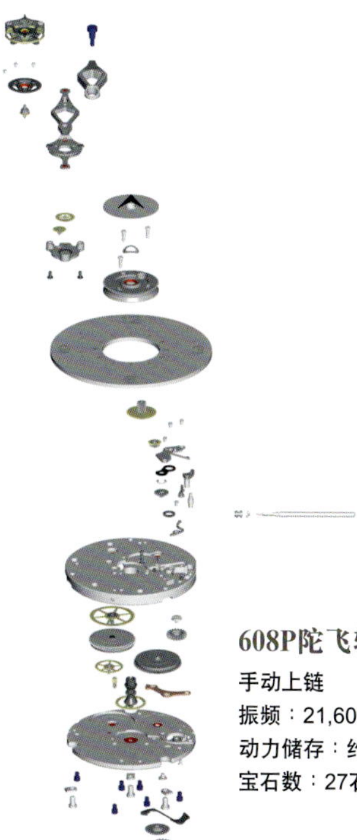

608P陀飞轮机芯
手动上链
振频：21,600次/小时
动力储存：约70小时
宝石数：27石

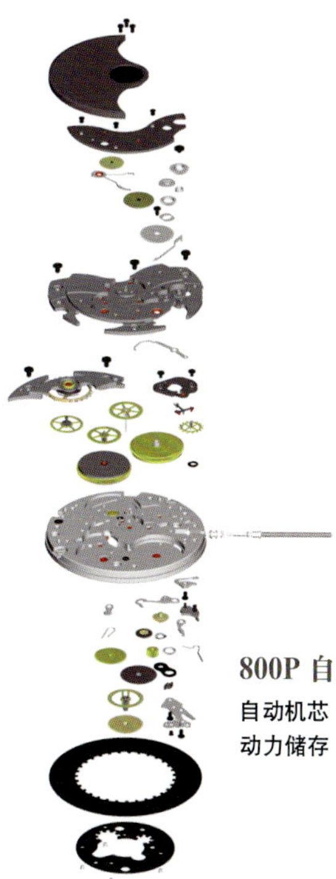

800P 自动机芯
自动机芯
动力储存：约72小时

850P 第二地时区机芯
自动上链
厚度：4mm
振频：21,600次/小时
动力储存：约72小时
宝石数：30石

自制机芯盛行

ROGER DUBUIS

RD05、RD09、RD77、RD78、RD79六枚新机芯

2006年的ROGER DUBUIS发表了6个新机芯，在机芯尺寸与结构上，都有所突破，每枚机芯都有可书之处，且就如同豪爵表之前的自制机芯一般，都拥有日内瓦印记，绝对可以为其在表坛上展现实力。

今年ROGER DUBUIS制作了一颗RD09 Mini Flying Tourbillon机芯，这个陀飞轮直径只有约10'''3/4，尺寸仅有一般陀飞轮的三分之二。平常制作一个飞行陀飞轮已属不易，更何况是一个小型的飞行陀飞轮，其稳定性及制作技术，都是一大挑战。豪爵表将该机芯放入37mm、34mm的GoldenSquare表壳中，不仅保持原有的典雅大器更凸显精纯的工艺，而缩小后的尺寸使女性也可以配戴，呈现独到优雅品味。另外一枚RD05手上链飞行陀飞轮机芯，则是少见的方形陀飞轮机芯，装配于EasyDiver K10表款中。

其他四枚全新机芯，共同特色为具备铂金微型自动盘。其它品牌若采用小尺寸的自动盘，一般都采用K金材质，豪爵表则大手笔的运用最为珍贵的铂金。因为采用了微型自动盘，所以两枚计时码表机芯，可以将导柱轮计时码表机制设于机芯最外层，运作之妙一览无遗。例如：豪爵表首创具备独立飞返计时结构的RD79自动机芯，或RD78导柱轮计时码表机芯。RD77自动机芯，则具备简单的时、分与小秒针基本功能，但同样具备铂金微型自动盘。

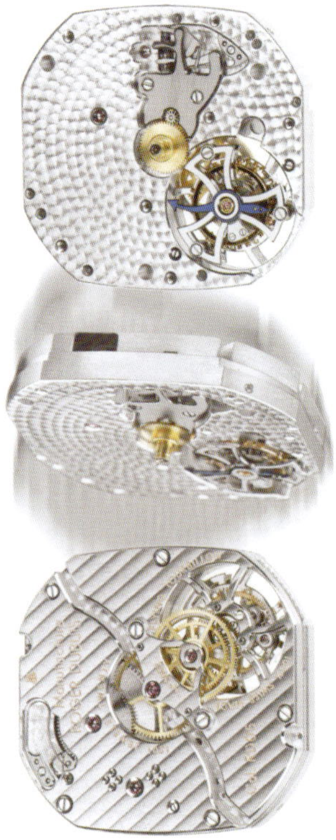

Cal. RD 05方形陀飞轮机芯

手动上链
日内瓦印记
振频：21,600次/小时
动力储存：65小时
宝石数：20石

Cal. RD 09陀飞轮机芯

手动上链
日内瓦印记
振频：21,600次/小时
动力储存：60小时
宝石数：19石

Cal. RD 77自动机芯

自动上链
日内瓦印记
振频：21,600次/小时
动力储存：48小时
宝石数：29石

Cal. RD 78导柱轮计时机芯

自动上链
日内瓦印记
振频：28,800次/小时
动力储存：48小时
宝石数：36石

Cal. RD 79导柱轮计时机芯

自动上链
独立飞返计时结构
日内瓦印记
振频：28,800次/小时
动力储存：48小时
宝石数：38石

复杂创意恒动

想 像 力 挑 战 工 艺 极 限

“适可而止”这句成语永远不会存在于制表师的字典上！并不是说他们的字典掉页，而是，如果他们懂得适可而止的话，腕表时计的发展绝对不会演化至此，很可能世人还停留在当年那颗“纽伦堡的蛋”，或根本还在用日晷沙漏之类的东西计时。

虽然说今年可以看到不少品牌推出比较单纯的表款，单纯的造型、单纯的功能，一瞬间还以为是又吹起了极简风。不过人类之所以能够创造如此高度发展的文明，主要原因便是对于功能的精进与追求。追求复杂永远是深藏在人类心底难以割除的天性。DNA中对于高度复杂、多功能的渴望怎么可能会让单纯简单的东西继续保持单纯简单呢？

随便举些例子吧，瞧瞧自己的手机、MP3，哪一样不是越来越多功能呢？而即便是看似最与科技无关的脚踏车，也是越来越复杂，又是加装避震器，又要研究如何省力，登山车、平跑车、越野车，一大堆不同的选择，令人看得眼花缭乱。追求复杂，不满足于单一功能，这就是人性。

扯远了，于是我们依旧可以在今年的表展上看到各式令人啧啧称奇的复杂功能表款。尤其是去年江诗丹顿推出了Tour de l'lle，以吓坏人的16种功能打破了之前百达翡丽Sky Moon Tourbillon缔造的12种复杂功能上限。不过今年不让江诗丹顿专美于前，积家立刻以配备17种功能的Reverso Grande Complication à Triptyque登上年度功能最复杂表款。

当然，除了以量取胜的复杂表款外，创意无限的制表师，总会有些全新的创意以及幽默感。例如堪称幽默大师的Franck Muller，总会有些令人莞尔的作品，不论是挑战阅时习惯的Crazy Hour，或是Magic Hours，今年一样有超乎人们创意，同样推出复杂功能一堆的Aeternitas，同时还改革了万年历。陀飞轮的魅力依旧令人着迷，PIAGET 的Polo Tourbillon Relatif，指针上连结着陀飞轮装置同样考验着人们的想像力。复杂功能持续发烧，不禁也让人期待接下来，制表师们还能够变出怎么样的花招来？

BREGUET

Classique 5347双陀飞轮腕表

双陀飞轮没什么了不起，这几年连三陀飞轮、四陀飞轮都出现了。唯有从陀飞轮中表现出更独特的观点，才能够脱颖而出，宝玑做到了！这只Classique 5347双陀飞轮腕表，所运转的不只是设置于表盘上的双陀飞轮，同时面盘也会以12小时为单位公转，因此陀飞轮本身也可以视为小时指示，一轮双用。而陀飞轮自转，表盘公转，仿佛星球绕行运动一般。不知道是否因为表盘与陀飞轮的运转令人联想如此的意象，宝玑在表底盖精雕上九大行星的图案，格外令人玩味。

兼顾了收藏价值，美学设计，创新概念，宝玑这款Classique 5347双陀飞轮腕表在今年能由复杂功能中脱颖而出也是想当然尔。

Classique 5347双陀飞轮腕表

装配手上链机芯，时、分指示，陀飞轮功能，面盘12小时旋转一圈。铂金表壳。

BVLGARI

Multi Complication

BVLGARI一向给人比较偏重于时尚流行的感觉。然而不同于其他时尚品牌，BVLGARI一直展现出对于专业制表的努力与追求，而在购入了DANIEL ROTH与GERALD GENTA之后，实力更是大增。

今年所推出的Assioma Multi Complication，结合自动上链陀飞轮、万年历、GMT双时区等功能。其实对于早已接触各种复杂功能的表迷而言，一款腕表加装这三种功能，似乎不需要大书特书，毕竟这并不算创见。然而，这款腕表的意义却是非凡的，它是第一只完全由BVLGARI团队自行研发的复杂表款。也就是说，这只融合复杂功能的腕表的问世，无疑象征BVLGARI正式宣布自身制表实力已经不容小觑，当然，也更令人期待其未来在专业制表及复杂功能领域的表现。

Multi Complication

搭载自动陀飞轮机芯，时、分指示，万年历功能，GMT两地时间功能，陀飞轮功能。64小时动力储存。防水30米，限量25只。

FRANCK MULLER

Aeternitas

堪称幽默大师的FRANCK MULLER，总会在表款中加入令人莞尔，同时也眼睛为之一亮的创意功能，当然这需要极高的工艺实力作后盾才行。今年推出的Aeternitas同样集结复杂功能于一身，除了一般的时间指示外，还加入了日夜显示、时间等差，两地时间，陀飞轮、万年历以及双追针计时码表的功能。而其中最值得注目的，是FRANCK MULLER弥补了万年历机制的遗憾。一般的万年历表款在特定时段需要手动调整日期，这导因于闰年要能够被400整除，因此2000、2400、2800都是闰年，万年历表款能够应付，但是2100、2200、2500这些年份，万年历机制都必须在2月转换至3月时手动调校日期。为此常可见到许多表厂制表师投入研究，然而我们所看到最趋于方便的方式，只是快速调校，但是本质上，所谓的"万年历"，并无法支撑千年，更遑论万年。

不过这遗憾被FRANCK MULLER稍稍弥补，今年所推出的Aeternitas，中译为永恒日历双追针计时码表，显示其已超越了一般万年历。这款腕表打破目前万年历表款的日期五百年内必须调校的瓶颈，能够到达999年不需调校日期的能耐，这可是前所未见的突破创新，此举也可算是表坛的一大进展。

Aeternitas永恒日历双追针计时码表

装配自动上链机芯，8日动力储存。时、分指示。6点钟陀飞轮，恒久日历、日夜显示、时间等差、两地时间、双追针计时码表功能。铂金表壳。

AUDEMARS PIGUET

五号天王

千呼万唤，AUDEMARS PIGUET的五号天王终于出来了。从1999年开始，AUDEMARS PIGUET便计划一年推出一款突破制表概念的"八大天王"，历经七年，今年终于到五号了。姑且不论好像没有很遵守关于"一年一只"的期许，这其中不也更显示出AUDEMARS PIGUET对于"八大天王"的要求，绝对不会只是为了推出而推出，必须要累积一定的能量后才石破天惊地出现。一如传统儒家的态度，讲求厚积而薄发，而不轻用其锋。相较于上一款2004年所推出的四号天王的浑重厚实，五号天王则呈现出另一种风情。

最先映入眼帘的是表面靠右侧的表盘，这是直线方式排列呈现的万年历机制，直接了当的视觉效果，呈现简洁的质感。以独立的动力储存指示与小秒盘作为与擒纵摆轮的区隔。不只让腕表更有空间感，同时也能让视觉更清晰。而AUDEMARS PIGUET为此表款付出的心力当然不只于此。除了以双发条盒提供长达168小时的动力外，AUDEMARS PIGUET融合两大传统擒纵的优点并加以改良，使这装配于五号天王上的擒纵机制无须润滑，而且效率比一般杠杆擒纵器多50%。果然是用心良苦，不负让表迷们多等一年的期盼。

五号天王

装配Cal.2899手上链机芯，168小时动力储存，爱彼独家擒纵器，偏心时、分指示，独立小秒针盘，万年历功能，动力储存指示。铂金表壳。防水20米。全球限量20只。

PIERRE KUNZ

Seconde Virevoltante Retrograde秒逆跳腕表

同属于WPHH的一份子，PIERRE KUNZ也同样是拥有坚实工艺及无限想像的创意大师。今年所推出的Seconde Virevoltante Retrograde秒逆跳腕表，乍看之下，是个有三个小表盘，设计风格前卫的腕表。然而注意其六点位置的是逆跳秒针盘，独特处在于它不同于一般以扇形来呈现逆跳，而且逆跳机制更超过一般正常一圈360度的极限，而是一分钟417度。或许你会说这不过就是让指针一圈转的大一点而已，然而，这便是其困难的地方。为了让指针能够在一分钟内转417度，指针运行路径相对较长，到达后再以极快的速度归零重新前进；运行范围大，指针运作时的速度绝对比一般扇形逆跳或是360度的秒针快，而瞬间逆跳时，指针齿轮所必须承受的重力也相对更大。

这只Seconde Virevoltante Retrograde秒逆跳腕表的出现，不只表现出PIERRE KUNZ超乎常理的创意，同时似乎也可见出PIERRE KUNZ在宣示着自身制表工艺的坚实。

顺道一提，PIERRE KUNZ在12点位置的Geneve字样上也发挥了些小创意，字体采日逆跳方式显示，每日字体会由视窗的左边行走到达中央，一天结束时，则会逆跳回原点。有何功用？只是有趣而已。

Seconde Virevoltante Retrograde
秒逆跳腕表

装配自动上链机芯，独立时、分指示，417度逆跳秒针指示，12点钟逆跳Geneve字样。玫瑰金表壳。防水30米。

PIAGET

Polo Tourbillon Relatif

因为陀飞轮的精细以及运作时的独特视觉效果，使得问世以来便一直为人所偏爱，而陀飞轮也几乎是近几年来表展中的重头戏。有趣的是，大家都明白陀飞轮最初是为了解决怀表指针受地心引力影响而发展出的机制，转移到腕表后因为种种原因使得陀飞轮的实质功用降低许多。然而，表厂、制表师依旧愿意投入许多心力于陀飞轮上，有的是走实用路线，将之改良为适合腕表实际运用的模式；有的则将陀飞轮视为装饰与工艺展现的一部份，革新陀飞轮的材质与结构，使之更华丽迷人。

伯爵这款Polo Tourbillon Relatif凭借着品牌实力，在陀飞轮机制上展现出大胆创意，将陀飞轮移至表盘上，以每60分钟为单位旋转绕行，赋予陀飞轮更广阔的运行空间。

Polo Tourbillon Relatif

装配PIAGET 608P手上链机芯，70小时动力储存，时间指示，陀飞轮功能，18K白金表壳。

复杂创意恒动

ROGER DUBUIS

Goldensquare Mini Flying Tourbillon

有人说陀飞轮在今日而言，虽不算复杂，但是却很精细。的确如此，陀飞轮的精密在于其零件的细微及多种。而今年ROGER DUBUIS所推出的Goldensquare Mini Flying Tourbillon，其所配备的陀飞轮，尺寸只有一般陀飞轮的三分之二，已经相当细腻的陀飞轮机制零件，自然也更加的细微，无疑也是对于自身工艺实力的一种挑战。

Goldensquare Mini Flying Tourbillon

装配RD09 Mini手上链机芯，时、分指示，陀飞轮功能。钛金属表壳。全球限量260只。

RICHARD MILLE

RM12

RICHARD MILLE成立于2001年，大胆采用创新的材质与机芯结构，突破腕表既有的局限，因此甫成立便引起了广泛的注目。今年所推出的RM12腕表，除了有以铝合金打造的发条盒、陀飞轮框架与轮系外，经过两年研发，承袭RICHARD MILLE一贯绝对出乎大家想像的原则，装配完全没有机板结构，而纯粹以直线形的桥板建构而成的机芯，彻底颠覆对于机芯既有的观念，也为RICHARD MILLE的崭新创意纪录再下一城。

RM12

装配RM012手上链机芯，时、分指示，陀飞轮功能。铂金表壳，全球限量30只。

JAEGER-LECOULTRE

Reverso Grande Complication à Triptyque

今年的复杂功能之王，非积家Reverso Grande Complication a Triptyque莫属，以压倒性的17项功能合一，超越了去年的最高16项复杂功能。

积家巧妙运用Reverso的翻转特性，完善地使用表面、表背，以及表壳底盖。表面部分以简约为主，顾及阅时的便利性，全新的擒纵机制，摆轮轴心与陀飞轮框架不同轴，而背面则集中了大部分的功能，北半球或南半球的星象图、黄道12宫、日出日落与时间等式。有趣的是设置于翻转表底盖上的万年历机制，完全独立于腕表机芯主体之外，利用万年历机制一天才需要启动一次原理运作，腕表只要在一日将尽时，确认表壳是处于阖上的状态，齿轮会借由腕表与后底盖的孔径接合，带动万年历机制的齿轮运作，调动日期，等于是将万年历机制简化，也确实节省了腕表功能所需要的空间。

Reverso Grande Complication à Triptyque

装配手上链机芯，50小时动力储存，时、分指示，17项功能包括陀飞轮、北半球或南半球星象图、黄道12宫、日出日落、时间等式、万年历等功能。铂金表壳。

CREDOR

Spring Drive Sonnerie

创意不见得是要另辟蹊径，许多时候由现有的东西加以改良表现，往往也会有耳目一新的表现。

这款Spring Drive Sonnerie小自鸣腕表，不只配备了品牌独特的Spring Drive机制，同时在自鸣功能上也有所改革。以大磬钟声为创意的来源，表达出东方世界独特的“禅意”，置于机芯与底盖间的钟形音箱取代传统西方自鸣机制的环状音簧，敲击出类似东方寺庙中“磬”的声响。相较于一般问表声响，Spring Drive Sonnerie小自鸣表的报时声较大，回音及低频也更明显，而声音的穿透力也更强。CREDOR不独如此，更发展出以空气力学为基础的调整速度装置（governor），当音捶敲击时，对应空气力量的簧片会自然张开，控制音捶的敲击频率，如此所敲击发出的声音更为纯净无杂音，解决了多年以来问表难以克服的杂音问题。透明表盘12点位置的桔梗花装饰的古朴，低沉无杂音的三问声响，CREDOR这款Spring Drive Sonnerie小自鸣腕表所表露的禅意，确确实实地令人“耳”“目”一新。

Spring Drive Sonnerie小自鸣腕表

装配Spring Drive手上链自鸣机芯，48小时动力储存，时、分、秒指示，三问功能。钟声报时机制之动力储存为40小时。玫瑰金表壳。全球限量5只。

HARRY WINSTON

Opus 6

每年HARRY WINSTON 都会与创意及实力过人的独立制表师合作一款OPUS系列表款，搞的大家眼花撩乱，今年当然也不例外。与之合作的是GREBBEL FORSEY。而装配在Opus 6的正是GREBBEL FORSEY成名作之一的30° 双体陀飞轮机制。呈30° 倾斜的内层陀飞轮每分钟转动一圈，大陀飞轮每四分钟转动一圈，修正摆轮因为地心引力影响而在同一位置停留过久的问题。今年除了将之装配于Opus 6上，同时也以立体的概念，重新配置腕表时间指示的位置，凸显了30° 双体陀飞轮机制，而三个视窗时间指示机制，似乎暗示人们该重新调整一下阅时习惯了。

Opus 6

装配Emotion 30° 双体陀飞轮机制，手上链机芯，时、分、秒独立指示，双体30° 陀飞轮功能。

逆跳流行风潮

感 受 指 针 瞬 间 逆 跳 的 动 感

逆跳功能的律动，十分的鲜明，不同于其他功能，它的计时方式为累计，却不连续。这样的方式，让人更能体会不断在流逝的时间，从秒针逆跳、分针逆跳、一路跳到日期或星期逆跳，今年的表展中，硬是成为表款功能的趋势之一。

当指针悄然地走到尽头，在瞬间弹跳回原处，重新开始计时，那瞬间的动感，是难忘的一刻。在众多的表盘显示功能中，逆跳功能是近年来才被看重的创意，能见度急速窜升，在今年BASELWORLD和S.I.H.H.表展中，更是被大量加入到设计中。逆跳所带来的视觉效果，让人有瞬间活起来的律动感，不论是秒针逆跳或分针逆跳，或日期、星期逆跳，都令人眼睛为之一亮。

譬如说CARTIER卡地亚今年就推出超大款龟形上升陀飞轮腕表和Rotonde de Cartier昼夜腕表。前者将左右两边分成时、分两个时区，指针在计完时会逆跳，重新计时，在双C造型表桥上带出当代的典雅；后者则以逆跳功能指示分钟，每60分钟就会在花瓣形雕纹表盘上跳跃一次，犹如一个好动的舞者。而GP芝柏表Cat's Eye双逆跳镶钻女表也是设计为双逆跳，以小秒和星期对应着月相盘，让整个表盘看起来十分的活泼。“逆跳大师” GÉRALD GENTA持续发挥在逆跳功能的天赋，以Octo Black Spirit陀飞轮黑精灵再次抢攻市场，以逆跳时针重新粉刷陀飞轮的面貌，更是Octo系列第一款飞返陀飞轮。BREGUET的Tradition 7037自动上链腕表以浓郁的自动怀表古风装配60秒逆跳装置，宜古宜今，动静皆宜。HARRY WINSTON的Ocean Lady Biretro则是搭配30秒和星期双逆跳，以美钻勾勒出弧度，以两道静态的水柱衬托逆跳的指针，增加许多阅时的趣味。

尽管在工艺上，逆跳直接考验机械的承受度，对做工细微的机械机芯而言，这股回弹的反作用力有可能影响到整个机械机制的运作，甚至是加速机械的耗损，然而以今日的科技和制表工艺，这些只是小问题，只要稍加保养，定期地维修，就可以长期的看着逆跳功能在手腕上瞬间舞动。

CARTIER

Tortue超大款龟形上升陀飞轮腕表

以线条圆润的铂金表壳为主旋律，装配卡地亚自制9450 MC型手动上链机械机芯，精密的机械式手动、时分双逆跳陀飞轮机芯，将左右分隔为时和分两个时区，指针在银色花瓣形雕纹表盘上，缓慢向上，攀升至顶点，之后逆跳，再由两侧急速滑落，宛如蝴蝶舞动翅膀，在双C造型的表桥上恣意的翱翔着，带出极具创意的当代典雅，搭配鳄鱼皮表带和铂金可调式折叠表扣，新颖别致，限量50只。

卡地亚自制9450 MC型手动上链机械机芯，铂金表壳，时、分双逆跳陀飞轮。

CARTIER

Rotonde de Cartier昼夜腕表

利用圆形、白金表壳结合大自然的反差，装配卡地亚自制9903 MC型手动上链机械机芯，呈现日夜共舞之美，上半圆为罗马数字的时刻，以通过日或月光线的落点显示小时，增加设计感的趣味和艺术质感，而下半圆则以逆跳功能指示阿拉伯数字的分钟，每60分钟在银色花瓣形雕纹表盘上跳跃一次，一天可欣赏到24次的律动，也称得上是逆跳功能的运动版。

卡地亚自制9903 MC型手动上链机械机芯，白金表壳，日、夜小时指示，分针逆跳。

逆跳流行风潮

VACHERON CONSTANTIN

Quantieme Perpetuel Retrogradant Openface

江诗丹顿向来以艺术家的态度打造腕表，今年并以稀少罕见一系列的铂金材质表款延续自家表厂的专业和传统。隶属马尔他系列的Openface逆跳万年历，提供一个欣赏品牌鬼斧神工的手工艺的窗口。此表装配江诗丹顿1226 QPRD Openface自动上链机械机芯，概念起源于1760年，由Andre-Chalers Caron设计，至今仍是众多表迷喜爱的造型。提供了阅读时间、日期、星期和月份，更有日期逆跳指示，万年历则会自动调整闰年。

1226 QPRD自动上链机芯，万年历功能，月份、星期和日期指示，日期逆跳指示，鳄鱼皮表带，防水30米。

GIRARD-PERREGAUX

Cat's Eye Bi-retrograde双逆跳镶钻女表

这只椭圆形双逆跳女机械表，装配GP033RO机芯，小秒和星期分别坐落在表盘两侧，将月相盘对应双逆跳指针的活泼设计，展现动静皆宜的特质，围绕着各自的周期，双双逆跳起始，指针在往返、运动间，极富生命力。并以美钻点缀表圈，黑色珍珠母贝表盘散发晶莹剔透的光彩，看来神秘且优雅，完美结合设计美学和制表工艺，展现芝柏表女表细腻的思维。

GP033RO机芯，时、分指示，秒与星期逆跳，月相、日期显示，白金表壳。

BREGUET

Tradition 7037自动上链腕表

延续去年的Tradition 7027腕表，Tradition 7037自动上链腕表保留怀表机芯的浓郁古风，并在内部装配自动上链机芯，原本10点钟位置的动力储存指示，换成60秒逆跳装置，让秒针在时间往返之间，增加了许多律动。采用昔日自动怀表才有的盾型自动盘，更可由透明的蓝宝石水晶底盖一窥金碧辉煌的装饰，更显经典。BREGUET宝玑今年更推出白金版本，让表迷在两种不同的情境下感受逆跳的活泼律动。

自动上链机芯，18K金表壳，时、分指示，60秒逆跳。

陀飞轮机芯，铂金表壳，白金表盘，小时逆跳，分钟指示。

GÉRALD GENTA

Octo Black Spirit陀飞轮黑精灵

以逆跳功能打响名号的“逆跳大师”GÉRALD GENTA，今年持续以逆跳功能为基础，推出Octo Black Spirit陀飞轮黑精灵，以逆跳时针赋予陀飞轮新生命，增加其珍藏的价值，铂金材质表壳，钽金属表圈，镍银合金(arcap)打造面盘与桥板，都让人赞叹杰出的工艺表现，此表也是Octo系列第一款飞返陀飞轮珠宝表，可见品牌企图运用全新的材质来赋予珠宝表不同面貌跟赏析观点。

HARRY WINSTON

Ocean Lady Biretro

装配着GP 3106自动上链机芯，此表结合镶嵌珠宝的技术和高科技功能，表圈上镶满了美钻，具有自动上链机制和30秒和星期双逆跳指示，此两个指示分别座落在4点和8点钟位置，以美钻点缀着弧度，犹如两道倾泄的水柱，而偏心时针和分针指示则位于12点钟，也在表盘上镶着美钻，让整只表显得十分耀眼，大型日期视窗则符合圆形表壳，以简单的方式让阅读更为便利。

GP 3106自动上链机芯，白金表壳，30秒与星期双逆跳指示，偏心时分指示。

CARL F. BUCHERER

Manero Retrograde

这只Manero系列第一只问世的表款，装配CFB 1903自动上链机芯，备有两地时间和日期逆跳。3点钟的扇形日期逆跳指示由上至下运作，在小于31天的月份，只需以手动调校，兼具实用和阅时的趣味性和创意，9点钟的星期指示更添美观，和12点钟的两地时间功能形成一个阿拉伯数字的8，更能让悠游在国际间的旅人方便许多，是只结合典雅的实用机械表。

CFB 1903自动上链机芯，不锈钢表壳，两地时间，星期、日期指示。

Johnson 103
Johnson 87
Johnson 75

重视表底装饰

从背后解读腕表之美

一只腕表，除了计时精准，会让人想要珍藏的，不外乎是精心装饰的设计，譬如说镶嵌钻石、镂空机芯或是珐琅彩绘，都是为了呈现品牌独树一帜的设计美学，今年的焦点则甚至延续到了表背上。

一只腕表能让人爱不释手的原因有哪些，每个人心中一定有自己的答案，除了百年传承的精密手工艺，从组装零件、钻石的镶嵌到镌刻图腾，或者是每一项复杂功能的运转都可以是每个人所注意的焦点。然而就腕表美学来看，当然可以直接观赏机械系统的运作最让人兴奋。一只表径不超过50mm的腕表可谓是“麻雀虽小，五脏俱全”的机械机制，从齿轮、游丝到摆轮等细微的零件，摆在掌心赏析，看着它不断地计算时间，时间在把玩腕表时，悄然地从指缝间流逝。

延续这个概念，今年在BASELWORLD和S.I.H.H.表展中，表背也开始吸引大家的目光，特殊表底装饰让人感觉到，大家不再只将注意力摆在表盘上，玩家在把玩腕表的时候，开始会把表翻过来，仔细地瞧一瞧，也因此，表底装饰开始不再单调。

今年品牌对机芯雕饰和自动盘下了更多功夫，主要是从表底观看机芯的运转，最引人注目的是BREGUET宝玑的Classique5347双陀飞轮腕表，机芯背后刻有9大行星的图案，将一个微缩的天体巨细靡遗地重现在腕表上，并改为自动上链的Tradition和采用昔日自动怀表的盾型自动盘，加以手工雕塑饰纹，赋予自动盘另类风情。CORUM的Bubble Royal Flush 2006年限量版自动盘上以4种花色的图案连贯表盘扑克牌的设计概念。DUBEY & SCHALDENBRAND杜彼萧登的Spiral-Verso VIP翻转腕表具有双面翻转功能，正面搭载品牌最有名的回卷游丝弹簧，轻压表耳，可将腕表翻转，一窥表背内部的机芯装饰。EBERHARD & CO.的Scafodat潜水表，表底盖则有只1958年原设计者所绘海马标志。而BALL WATCH的Engineer Hydrocarbon Titanium除了强化防磨损功能，也在表底盖镌刻滑雪运动员的图案。LÉON HATOT再次展现顶级珠宝设计大师的头衔，发表品牌第一款“当代设计”自动上链腕表，Poudrier飞雪和Belle de Jour日光美人镶满美钻的表壳，闪闪发亮，从透明的表底盖可以看着自动上链机芯的运动。HAMILTON的Jazzmaster Lady Automatic为品牌第一款配备自动机芯的女表。在表背也延用镂空视窗，可透视摆轮。其他如BREITLING for BENTLEY也表现腕表设计师在构思时，有了解到鉴赏家多面向的渴望，提供表迷在鉴赏时新的乐趣。

CORUM

Bubble Royal Flush 2006年限量版

2006年CORUM昆仑表，以扑克牌为概念，推出的Bubble Royal Flush限量表款，如同在玩牌时所出现的同花顺，让人觉得神清气爽。营造出赌场的氛围，特用绿色表盘为底，搭配上红心的同花顺，非常地顺眼、顺心。透过蓝宝石水晶镜面，5张红心的同花顺犹如浮雕，配上货币符号$的小秒针，别具趣味和设计感，自动盘上再以4种花色的图案和一把CORUM昆仑表logo钥匙，连贯整个创作主题。

CO-082自动上链机芯，时、分、秒指示，表底盖刻有独立编号和系列名称。

DUBEY & SCHALDENBRAND

Spiral-Verso VIP翻转腕表

创立于1946年的DUBEY & SCHALDENBRAND杜彼萧登，今年适逢建厂60周年，推出Spiral-Verso VIP翻转腕表，此表表壳具有双面翻转功能，腕表正面不仅搭载品牌最脍炙人口的回卷游丝弹簧设计，并且具有月相、24小时指示、计时码表及星期、日期功能。除此之外，轻压上方表耳，即可将腕表翻转，可见表背内部精雕细琢的机芯装饰，完整展现品牌60年来的制表工艺及传承。

自动上链机芯，时、分、秒指示，计时码表，月份、星期显示，日期、24小时指示，不锈钢表壳。

重视表底装饰

手动上链机芯，时、分指示，双陀飞轮，铂金表壳，表背镌刻9大行星浮雕，鳄鱼皮表带。

BREGUET

Classique5347双陀飞轮腕表

宝玑将两个独立运转的陀飞轮以微分轮耦合，将两组摆轮的平均振频传输至轮系进行报时，这个微分轮同时驱动上层机芯以360度运转，每12个小时旋转一圈，连接两个陀飞轮的桥板同时亦为指针，随着时间演变，陀飞轮在表盘上演出公转、自转，令人惊叹，表背更巧夺天工的将9大行星镌刻其上，借由透明表底盖可见轮系的运转，整只表宛若一个微缩的天体，完美的将工艺、创意和艺术结合。搭载手动上链机芯，时、分指示，双陀飞轮装置，铂金表壳，蓝宝石水晶镜面及底盖，镌刻9大行星浮雕，鳄鱼皮表带。

EBERHARD & CO.

Scafodat

这款名为Scafodat的潜水表，拥有强力的排氦阀门，潜水者在变换深度时，表壳内部气压大过表壳外气压时，气体会自左侧阀门顶出。并采用厚度达3mm的蓝宝石水晶镜面，平衡、承受强大的水压，保证腕表在水底不受影响，而位于4点钟位置的按把，可用60进位来计算潜水时间，提醒潜水者。而加长型表扣已经通过专利认证，可让潜水迷配戴于潜水衣之外，将腕表和海洋融为一体，表底盖有只1958年原设计者所绘海马标志。

自动上链机芯，时、分、秒指示，计时码表，日期显示，不锈钢表壳。

BREITLING for BENTLEY

BENTLEY Motors T

结合跑车与腕表的概念，BREITLING for BENTLEY所推出的全新Motors T计时码表，彰显与汽车工业最直接的关系，特在表背描绘三款极具代表性的车款，烘托BREITLING for BENTLEY追求时尚与卓越性能完美结合的意图。这款Motors T搭载百年灵25B型机芯，使用30秒计时器，中央秒针每半分钟绕表盘一周，因此可以精确记秒至1/8秒，透过可变测速计的环形滑尺，可以测量平均速度，不用考虑时间、距离或已达到的速度为计算原则。

百年灵25B型自动上链机芯，不锈钢表壳，时、分、秒指示，日期显示，计时码表，表背描绘三款极具代表性的车款。

BALL WATCH

Engineer Hydrocarbon Titanium

为了满足科学家和极限运动家的需求，延续去年可抵御-40℃低温的Engineer Hydrocarbon系列，推出42mm钛金属表款，除了加强防磨损功能，所减轻的重量对追求速度和极限运动来说，具有实质的意义。而表底盖更是镌刻了滑雪运动家的图案，展现这只腕表，除了适合好动的表迷，更传递这只表完美结合了科技和极限运动的成果。

装配ETA2836-2自动机芯，时、分、秒指示，星期、日期显示，钛金属表壳，不锈钢单向旋转外圈，防磁12,000A/m，防水300米。

重视表底装饰

Belle de Jour
时、分、秒指示，
日期显示。

Poudrier
时、分、秒指示，
日期显示。

LÉON HATOT

Poudrier飞雪和Belle de Jour日光美人

今年，珠宝设计大师品牌LÉON HATOT首次发表旗下第一款“当代设计”自动上链腕表，以顶级的腕表工艺，承袭品牌的细致质感和创意精神，譬如说充满纯净、简洁的“当代设计”的Belle de Jour日光美人和Poudrier飞雪系列表款，可透过透明的表底盖近距离地观赏自动上链机芯的律动，自动盘更以特殊的设计装饰，以细腻、圆滑的线条打造，在摆动之间更增动人魅力，展现出品牌独特的女性品位。Belle de Jour日光美人将镶满美钻的表盖掀起之后，可以再看见镶满美钻的表盘相互辉映着。而Poudrier飞雪在表盘、表耳和表带上都镶饰有美钻，自动盘上更有赭红色的LH(为品牌名称的缩写)。

2824-2自动机芯，时、分、秒指示，不锈钢表壳，蓝宝石水晶镜面及后底盖。

HAMILTON

Jazzmaster Lady Automatic

今年HAMILTON展现优异的设计，推出Jazzmaster Lady Automatic女装腕表，鲜红色的表盘和表带，热情如火，为品牌第一款配备自动机芯的女表。延续近几年大行其道的镂空表盘，镂空视窗成为表盘上花朵的图案延伸，在洞悉机芯面貌的同时，也维系了女性钟爱的柔美质感。表底盖也开了一个镂空视窗，让配戴的女士在把玩之际，可以透视摆轮结构，令人爱不释手。

曾经获得2004年法国Le Mondial du Rosé竞赛银牌，并且获得国际间无数品酒专业杂志推荐的杰卡斯Jacob's Creek粉红气泡酒（Jacob's Creek Sparkling Rosé）。
JACOB'S CREEK
Premium
BOTTLE FERMENTED
ESTABLISHED 1847
JACOB'S CREEK
Sparkling Rosé
未成年请勿喝酒

东方势力崛起

异国文化的神秘魅力

近年来，东方世界不同于西方的文化历史背景、民族图腾、神秘古老的传说等特质，开始在全球的服装界、文化界掀起了一股不小的风潮，东方的纹饰图腾不再只是从前野蛮民族的代表，反而一跃成为了时尚的表征，而这股风潮现今也延烧到了表坛，为几乎属于纯西方DNA的制表产业，注入了令人耳目一新的设计元素。

所谓“东方”大体来说就是亚洲，尤其是指中国、印度、远东国家与东南亚国家等范围。一直以来，亚洲地区远不如西方欧美国家来得活跃，西方的一切脉动几乎成了全球的指标。随着近年中国改革开放、韩国经济的发展，亚洲整体不仅在经济上快速成长，各方面表现也越来越受到国际上的注目，转眼间，亚洲又重新成为国际舞台的要角。

不知是否多少受到这股国际间新势力的影响，这些纯正西方血统的品牌一直以来鲜少出现异国情调的设计，今年却不约而同推出了充满东方韵味的表款；另一方面，钟表世界在已将几何、工艺等西方美学发挥到了极致的情况下，如何为表款妆点出更多样的变化也成了设计师们的课题；交通发达的今日，东西文化交流当然也就越来越频繁，神秘又具有文化深度的东方国度便成了设计灵感的撷取地，各种属于东方的神话传说、民族性图腾、不同象征意义的动物等等元素，都吸引着设计师们将其运用在表款设计上。

因此，今年的表坛热热闹闹之余，随处可见这些异国风貌的运用，印度风情的画作、象征日本大和精神的樱花、熊猫、乌龟等纷纷跃上表面，尤其以最能代表东方的虚拟动物“龙”，更是多家品牌的灵感主题。

当然，身为地地道道的亚洲人，我们乐于见到东方世界的精彩被受到重视，更期望这并不会只是一个短暂的现象，或是一时的潮流，充满魅力且具有悠久历史的东方文化还有更多值得宣扬与看重的特质，甚至还有许多更精彩的主题故事与美丽图腾如中国古代商周青铜器上的美丽雕纹、东方建筑的美学、日本浮世绘、东南亚的宗教情调等，也都能一一被加以更广泛地运用，让这些虽古老但充满魅力的元素能持续在表坛上精彩演出，进而展现全新的样貌与生命力。

JAEGER-LECOULTRE

Reverso à éclipse

向来被视为积家最为经典的翻转表壳Reverso系列，今年更推出了一款结合éclipse表盘隐藏技术与珐琅彩绘的精彩佳作Reverso à éclipse腕表。

此系列腕表内部设置了特殊的神秘装置，包括有滚轮、细链与独创的无帽螺丝等零件，如同脚踏车链的运作原理，只要轻转2点钟位置的滚轮，上层表盘便会如同舞台的布幕徐徐开启，展露出隐藏于下层表盘绚丽的珐琅彩绘画作。

Reverso à éclipse系列中以印度为主题的此款腕表，画面上的人物穿着典型印度服饰，女子头上的垂饰与头纱、男子的印度头包、腰间的缠巾等，都被描绘得详尽且细腻，背景则更是将时间与地点描绘得丝丝入扣，已近黄昏的天色、明暗交叠远近有秩的山丘、围栏外的湖水波光粼粼，搭配上印度风格的墙柱在侧，一眼就能看出画作所呈现出印度皇宫生活的奢华悠闲生活。积家珐琅师傅为了能呈现更为鲜艳的异国风情，特别使用了特殊的上色技术，让这方小小的表盘天地所要展现的神秘印度风情更加淋漓尽致且生动。

Reverso à éclipse

装配手动上链机芯、时、分指示，动力储存35小时，2点位置滚轮装置可开启与关闭上层表盘，玫瑰金材质表壳，蓝宝石水晶镜面，真皮表带，防水30米。

JUVENIA

Biarritz 星钻系列龙凤对表

“龙” 又称为众兽之君，在中国一向被视为权力与皇族的象征，中国人甚至自诩为龙的传人，也因此是最能表现东方中国源远流长且丰富文化的代表性图腾；而 “凤” 在中国传说中，则素有百鸟之王的称号，具有禀德、示美等神性，自古中国一向将龙比帝，将凤比后，也因此龙凤图不仅代表吉祥如意，也有永恒美好的意含。

尊皇表此款男女对表的创作灵感，来自于悠久历史的中国，并且将 “龙凤” 如此深富历史文化意义的图腾，运用雕刻和掐丝的珐琅技术，透过工匠的鬼斧神工之手，一笔一画地勾勒在表盘上，以透明与不透明的珐琅色料搭配雕刻珐琅技法，缔造出微妙的立体感，精彩呈现龙与凤穿梭在云海的腾跃姿态；表壳、表盘与表链镶满明亮钻石，更显其贵气万分，充分展现了神秘的东方气质与属于古代皇族的权势气度。

Biarritz星钻系列龙凤对表

装配石英机芯，时、分指示，18K白金材质，龙身为蓝色珐琅彩，凤身为橙红色珐琅彩，表壳、表盘与表链镶有钻石，表冠镶有蓝宝石或石榴石，折叠式表扣，蓝宝石水晶镜面，防水30米。全球限量9对。

东方势力崛起

GLASHÜTTE ORIGINAL

The Star Collection-Golden Dragon

维持一贯大胆与原创精神的Star系列，继去年大出风头后，今年GLASHUTTE ORIGINAL女性设计师团队更是深入亚洲神话情节，创造出了这款Golden Dragon腕表，将具有吉祥与权势的金龙幻化成为壮阔且华丽的腕上佳品。

动力储存的部分被巧妙地设计成为了金龙嘴里喷射而出的火焰，而时、分指示盘与小秒盘则成了金龙所把玩的龙珠，周围闪耀着熠熠的金色火光，搭配上镶满了明亮钻石，更显尊贵与华丽；而金龙本身不以全身示人，仅露出了部分的头、身体与单只龙爪，并运用钻石表现出龙体闪动的鳞片，却足以呈现出巨龙飞天的气势，表盘上以动力储存指针轴心为中心所散发的放射性光芒，更让整只腕表多了情境式美感，为古老中国传说中的吉祥之物添附了全新生命！

The Star Collection-Golden Dragon

装配Caliber 65机芯，时、分与小秒针指示，大日期视窗显示，动力储存42小时，玫瑰金表壳并镶有红宝石，表盘部分镶有钻石，红色鳄鱼皮表带，另有红色缎面表带可替换。

JEANRICHARD

TV Screen Milady Asia

今年热热闹闹的表展里，各位可能发现了属于亚洲神话中虚拟的吉祥动物——龙，曝光率相当高！说它是最具东方特质的图腾，一点都不为过！JEANRICHARD尚维沙今年推出了五款TV Screen Milady 5 Continents珠宝腕表，镶嵌有代表五大洲的宝石与不同风格设计，令人一次饱览全球五大洲！

其中，属于亚洲的TV Screen Milady Asia表款，选择象征吉祥富贵的红色再搭配上东方龙来诠释亚洲的风情。表面上攀附着彩绘祥龙，龙的眼睛镶上了代表亚洲的红宝石，正所谓画龙点睛，果然为龙的姿态与神情增色不少；另外在表带上更绣上了代表东方工艺的刺绣图纹，展现了属于亚洲神秘且悠久的文化特质。

TV Screen Milady Asia

装配JEANRICHARD JR 26自动上链机芯，时、分、秒指示，动力储存38小时以上，不锈钢材质，表壳与表耳共镶有70颗红宝石，表盘镶有5颗红宝石，表冠镶有缟玛瑙，米白色珍珠母贝表盘，红色缎带材质表带，蓝宝石水晶镜面，防水30米。

FRANCK MULLER

Sakura樱花纪念腕表

日本安平初期的诗人在原业平曾说过：“倘若世上没有了樱花，春光何以令人动容如斯……”

瞬间簇拥怒放的樱花在春天里成群地绽放，虽然美丽却又短暂，因此樱花也象征着瞬间凄美的大和精神。每年三月天，日本人总是把握这短暂又灿烂的樱花盛开季，成群结伴地在樱花树下欣赏着漫天飞舞的美丽樱花，而近来这股充满日式风情的活动似乎有延烧至全球的趋势，日前美国华盛顿甚至举办了东京于1912年所赠与的3,000棵日本樱花的庆祝活动。

FRANCK MULLER为了向日本这最珍贵的花朵致敬，也推出了Sakura樱花纪念腕表，分别为Cintree Curvex与Long Island两款腕表妆点上了春天的气息。太阳印花半透明瓷漆材质的樱花与樱桃被装饰在表盘上六点钟位置，共有黑色表面搭配白色数字、白色表面搭配红色数字、蓝色表面搭配白色数字与红色表面搭配白色数字等四种不同的表盘设计，另外还有镶钻款式可供选择。

Sakura樱花纪念腕表

（左）Long Island Sakura樱花纪念腕表
装配石英机芯，时、分指示，18K白金材质，白色鳄鱼皮表带。

（右）Cintree Curvex樱花纪念腕表
装配石英机芯，时、分指示，18K白金材质，表盘镶满美钻，红色鳄鱼皮表带。

GIRARD-PERREGAUX

Vintage Today Sakura 2 限量腕表

GIRARD-PERREGAUX芝柏表的Vintage 1945系列复刻自1945年的著名表款，表壳造型深受上世纪40年代Art Deco风格的影响，充满着工艺、建筑与美学的多方复古特质，加上贴合手腕的弧形表壳设计，一直深受欢迎。今年，芝柏表更是展现其创新多变的特质，将此系列表款披覆上了华丽鲜艳的外衣，为Vintage 1945挹注了更多样化的风采。

无独有偶，芝柏也选择了樱花为题材，这款Vintage Today Sakura 2限量腕表，充分展现了浓浓的日本风情，表盘上漆绘了日本国花——樱花的图案，在银灰色珍珠母贝面表面上绽放着朵朵雅致秀丽的樱花，左下角撰写有GIRARD-PERREGAUX书写字体，更能凸显出整款表所要传达的自然风情。

Vintage Today Sakura 2限量腕表

装配GP03390自动上链机芯，时、分与小秒针指示，动力储存46小时，不锈钢材质，珍珠母贝漆绘樱花面盘，绢质表带，蓝宝石水晶镜面，防水30米。全球限量50只。

东方势力崛起

CARTIER

Pasha De CARTIER 32mm

在今年S.I.H.H.表展中，CARTIER推出的Enamel and Marquetry Collection系列，在多彩珐琅、细工雕嵌、镌刻装饰等多种工艺与钻石搭配交相辉映下，将各式动物图案造型诠释得栩栩如生，再度让人惊叹卡地亚精湛的制表技艺。

以中国国宝熊猫为题的Pasha De CARTIER 32mm腕表，表盘选择缟玛瑙与白玛瑙为主要的材质并施以细工雕嵌，将模样逗趣可爱的熊猫活灵活现地展现于腕表上，表盘与表壳以雕凿技术制成，表壳上方延伸至表盘与表壳下方的弧线，将整只表款一分为二黑白分明，表壳右半边镶嵌了多颗明亮钻石，表壳左半边则嵌有黑珐琅，颇有中国太极图案阴阳调和的味道，为这款腕表展现了不同的东方文化精髓。

Pasha De CARTIER 32mm腕表

装配石英机芯，时、分指示，18K白金材质，熊猫图案，表壳为雕凿珐琅技术制作，表壳与表盘镶嵌圆钻，表盘镶嵌缟玛瑙和白玛瑙，黑色鳄鱼皮表带。限量15只并镌刻有序号。

CARTIER

Tortue 大型腕表

乌龟在东方国家含有延年长寿之意，也一直被东方人视为吉祥的象征动物，卡地亚今年将乌龟图案运用在Tortue大型腕表上，像极了一只乌龟趴在手腕上，表面为龟壳纹路、表背则是龟甲图纹，表壳上可看到头尾及四肢，再借以绝妙的珍木微雕和镂空珐琅的超凡工艺，呈上了这款精彩绝伦的吉祥献礼。

表盘共使用有4种珍贵木质，采用了镂空细木制作工序，以柔韧的木质细绳将龟壳的几何图形编织而出，再细心地安置上珊瑚和红色虎眼石，制作过程中需多方考量木材本身纹理特性与图案的设计，相互巧妙搭配和运用，也考验着卡地亚工匠们的细工雕嵌技艺。

表背的龟甲图案则以镂空珐琅技法呈现，这项技术需在中空的条件下进行，先雕出图案后再填入珐琅粉，经由700～800度高温的烧制后，才能呈现出珐琅的美丽色泽；表壳则以雕凿珐琅的技术制成，除了运用珐琅材质外，乌龟的眼睛并镶嵌有钻石。

如此经由复杂且多项制作技艺而生的腕表，印证了卡地亚世代相传的传统手工技法与超凡精湛的制表工艺。

Tortue大型腕表

装配手动上链机芯，时、分指示，18K黄金材质，乌龟图案，表壳为雕凿珐琅技术制作，表盘饰有4种珍贵木质、珊瑚和红色虎眼石，搭配鳄鱼皮表带。限量25只并镌刻有序号。

18
CHIVAS REGAL
18
SCOTCH
WHISKY
GOLD SIGNATURE
PRODUCE OF SCOTLAND
CHIVAS

经典系列周年庆生

VACHERON CONSTANTIN

Overseas 10周年

Overseas10周岁了，在众多运动款中江诗丹顿Overseas的拥护者可以说比比皆是，1996年第一次面世的Overseas便开始了它的异国之旅，足迹遍布天下，正像它的中文名字一般，纵横四海。2006年，江诗丹顿为纵横四海新添了四位实力雄厚的兄弟：18K黄金自动上链计时码表，和精钢、18K黄金、18K玫瑰金两地时腕表。值得一提的是，玫瑰金与巧克力色表盘的搭配，似要将华丽与经典发挥到极致，此款限量发行250只。表盘上不仅在6时位设第二时区，旁边更清晰显现日夜功能，为商旅人士掌握异地时间提供了更为便利的条件，加上日历盘以及能量显示功能，全新的Overseas再次强调实用，令配戴者自在悠闲地纵横四海。

Overseas两地时间腕表

Cal.1222，自动上链，动力储存40小时，振频28,800次/小时，时、分、秒针指示，日期、第二时区、日与夜，以及能量显示功能，黄金、18K玫瑰金及精钢表壳及链带，双重折叠表扣，防水150米，玫瑰金款限量250只。

JAEGER-LECOULTRE

Reverso 75周年

众所周知，Reverso系列的诞生跟马球运动有着密切的关联，75年前喜欢这种贵族游戏的军官给积家出了一个难题，却激发了积家的非凡创意。1931年3月4日，积家为这一只在底框上滑动并完全翻转的腕表注册了专利，Reverso就此诞生，随即成为了积家的标志性系列，广受用家喜爱，75年来Reverso不断有精品问世，并且早已不受运动款局限，功能与外形皆变幻莫测，精彩无限。2006年，Reverso诞辰75周年之际，Reverso将这一年命名为Reverso年，不但隆重推出三面Reverso Grande Complication à Triptyque震惊于世，今年设计的全部几乎都是围绕着Reverso。这其中包括突发奇想的Reverso à éclipse系列，其表面前戏剧化的添加了帷幕效果，表面又分为4个主题即22款，珐琅彩绘异彩纷呈，其中不乏大师的世界名画；繁花似锦的Reverso还新增了Reverso Duetto Duo、Reverso Grande Sun Moon、Reverso Lady Diamonds、以及75年前就已孕育，今日适时出现的方形Reverso Squadra，它包括：Hometime、Chronograph GMT、以及Chronograph Worldtime多款。如此多产，2006——75周年，真不愧是Reverso的丰收之年！

Reverso Squadra Chronograph GMT计时腕表

积家754型自动上链机芯，精钢或玫瑰金可翻转式表壳，蓝宝石水晶镜面，透明后底盖，时、分、秒指示，第二时区24小时指示，计时码表功能，大日期视窗，65小时动力储存，鳄鱼皮表带，防水30米。

追忆往昔创意无限

IWC 圣艾修伯里飞行员计时码表

《夜航》小说发表75周年

在IWC的飞行年度里，为纪念《夜航》小说发表75周年，IWC推出了全新特别版飞行员机械计时码表——圣艾修伯里飞行员计时码表。烟草颜色的表盘令人联想到圣艾修伯里的飞行制服，1931年圣艾修伯里完成《夜航》的创作，凭借丰富的飞行经验，他描绘了一架邮政班机在储油不足的情况下如何穿越狂风暴雨的危险遭遇，把读者领入到一个惊心动魄的经历中，人物坚毅的性格则成为真诚的激励。而作家本人却在1944年驾驶P-38侦察机前往被德军占领的法国执行侦察任务时消失在迷雾中。法国英雄没有被人们遗忘，万国表将小说家的肖像镌刻在这款纪念飞行时计的背部，并将一只铂金款同《夜航》法文首版小说一同拍卖，所得款项将捐赠给“夜航（ Vol de nuit ）协会”。

圣艾修伯里飞行员计时码表

Cal.79320，自动上链，动力储存44小时，防磁24,000安培，时、分、小秒针指示，日期、星期显示，计时功能，小秒针掣停功能，防水60米，不锈钢款限量1,630只，18K玫瑰金款限量250只，18K白金款限量50只，铂金款限量1只（不作发售）。

IWC Spitfire喷火战机系列

喷火战机问世70周年

1936年，Reginald Joseph Mitchell先生发明的Spitfire喷火战机试飞成功。第二次世界大战，德国人在英吉利海峡上空首次遭到英国人顽强的抵抗，英国皇家空军在大不列颠战役中驾驶喷火战机成功阻截了纳粹的入侵，英伦三岛以空前的斗志最终夺取胜利扭转了欧洲战场的战局，喷火战机当然功不可没，从此一举成名。就在喷火战机诞生的这一年里，万国表制造了第一款专为飞行员设计的腕表，2003年以喷火战机命名的Spitfire喷火战机腕表系列诞生，2006年在喷火战机70岁寿诞之际，万国表强力推出四只喷火战机系列新款：自动计时码表、马克十六腕表、中型腕表和环球时间双时区腕表。加大尺寸与鲜明的立体效果是崭新喷火战机系列腕表的特征，万国表用此种方式向70岁的英雄战机以及英勇的英国皇家空军致以崇高的敬意。

喷火战机自动计时腕表

Cal.79320，机械计时机芯，振频28,800次/小时，动力储存44小时，时、分、秒指示，日期、星期显示，计时码表，不锈钢表壳，直径42mm，鳄鱼皮表带，防水60米。

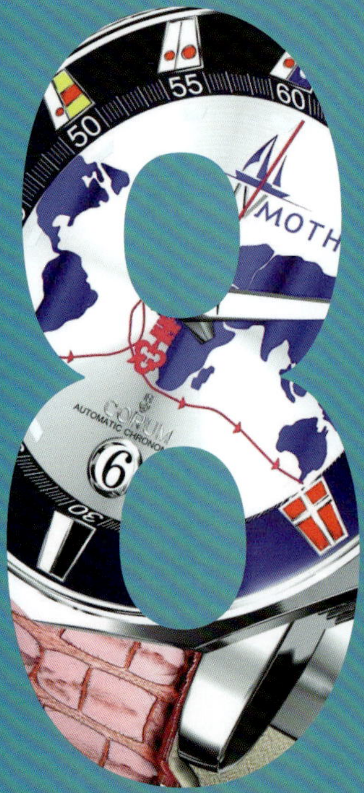

腕表结合运动

搭配赛事主题的多元行销

竞赛运动能让人血脉沸腾，挑动最末端的神经，因为大家有共同目标而成为凝聚向心力的指标。表界一向热衷运动赛事，或扮演官方时计角色，或以运动为主题的腕表，都是时计中最具个性的代表。

跑车的流线造型、帆船的飞扬翅膀、足球场上激烈的厮杀，都是各家表厂融合品牌精神而能发挥所长之处。近年表坛的重要趋势，就是结合陆上、海上及球场上的赛事推出纪念表，无论是低沉呼啸的F1赛车，或是如火如荼做暖身准备的美洲杯帆船赛，还是引发无数足球效应的世足大赛，都让腕表的设计更精采、更具故事性。

缔造多项传奇故事的F1赛车，快速奔驰的引擎嘶吼声，最能令男性心跳加快、血脉贲张。2006年芝柏推出Monte-Carlo赛道纪念表；SEIKO则展开与本年度F1赛车夺标热门之一的Honda F1车队的全面合作，并赞助旗下也是精工表迷的F1赛车手Jenson Button；还有RICHARD MILLE为巴西赛车手Felipe Massa 推出RM005-FM限量表；爱彼则是2006赛季马莎拉蒂挑战赛（Trofeo Maserati）的主赞助商。

作为全世界历史最悠久的运动赛事，美洲杯帆船赛可以追溯到1851年。4年举行一次的美洲杯帆船赛（America's Cup），第32届于2007年6月登场。像美洲杯如此众所瞩目的赛事，更少不了名表助阵，第32届美洲杯，阿林希(Alinghi)队的赞助者是爱彼表（AP），甲骨文(Oracle)队的赞助者是芝柏表（GP），再加上美洲杯的官方时计是欧米茄表（OMEGA）。使得这场赛事不只是帆船大赛，也是各大品牌的角力擂台赛。

席卷全球的世足大赛，在表界有JEANRICHARD、TISSOT和SINN一同较劲。无论是结盟或推出纪念表，丰富的色彩不仅让人感到澎湃热情，别具意义的历史事件，更大大提高腕表收藏的纪念价值。

汽、机车赛事

GIRARD-PERREGAUX

Monte-Carlo 1976

摩纳哥的蒙特卡罗Monte-Carlo赛道，以其优美而奢华的环境、狭小弯曲大幅起伏的地势，成为F1赛事之中唯一的街道赛，亦成为考验F1车手技术与车辆耐用度最为严苛的赛道。而且，摩纳哥的蒙特卡罗赛道也是车手与车迷心中最为迷人的赛道。

全方位的GIRARD-PERREGAUX，特别为全球F1赛车迷推出蒙地卡罗1976腕表。这只Monte-Carlo 1976，正是纪念1976年，来自意大利的Sandro Munari与Silvio Maiga驾驶一辆漆成白、红、绿三色，非常前卫的Lancia Stratos10号，勇夺冠军。面盘上6点钟方向鲜红的Monte-Carlo 1976字样宣示主题，黑底面盘上的彩色小表盘，则是当年Lancia Stratos10号赛车仪表板风格的转化。

装配GP19C0自动上链机芯，时、分、秒指示，计时码表功能，48小时动力储存指示，不锈钢表壳，防水30米，限量1,000只。

AUDEMARS PIGUET

千禧MC12陀飞轮计时码表

AUDEMARS PIGUET是2006马莎拉蒂挑战赛（Trofeo Maserati）的主赞助商。这项赛事被命名为“爱彼马莎拉蒂欧洲挑战赛”。AUDEMARS PIGUET表示会持续在各项GT赛事中作为马莎拉蒂赛车的官方供应商。AUDEMARS PIGUET表厂说：“我们和玛莎拉蒂的合作关系是基于共同的追求，也就是制造出更杰出、更完美的以高科技和独特风格而著名的手表与汽车。”

向意大利马莎拉蒂MC12跑车致敬的千禧MC12陀飞轮计时码表，装配专为千禧的椭圆表壳设计的Cal.2884手上链机芯，以精雕细琢的陀飞轮挑战地心引力，更以椭圆形表壳与偏心式的表面改写了几何定律。AUDEMARS PIGUET与MC12跑车相同的蓝白色调，为了减轻重量，机芯采用高科技最新材质碳制机板，全新造型的桥板则以阳极去氧化（elox）铝材制作，双发条盒上分别镌刻马莎拉蒂与爱彼两大名厂签名，表盘上镶贴的著名三叉戟标志，都点出腕表系出名门的非凡血统。

Cal.2884手上链陀飞轮机芯，时、分指示，双发条盒，碳制机板，铝质表桥，计时码表功能，240小时动力储存指示，铂金表壳，蓝宝石水晶镜面与底盖，鳄鱼皮表带搭配铂金折叠表扣，防水20米。全球限量150只。

FERRARI ENGINEERED BY OFFICINE PANERAI

Granturismo Chronograph

法拉利与沛纳海结盟后，法拉利钟表成为独立品牌，由沛纳海负责制造，腕表设计则由双方共同参与。法拉利今年正式发表了设计元素与赛车紧密连结的“Granturismo”系列。

“Granturismo”系列除了三针附加日历的自动表款、GMT表款、计时码表以及双追针计时码表四款各具特色功能外，身披法拉利色彩——鲜黄面盘的Granturismo Chronograph，这也是法拉利另一标志色，昂首伫立于12点钟方向的马匹，正象征法拉利跑车卓越的动能，也暗喻这款腕表优越的性能。

PANERAI OP X II机芯，时、分、秒指示，计时码表功能，46小时动力储存，3点位置30分钟积算盘，9点位置小秒针盘，中央计时秒针，瑞士官方天文台认证，不锈钢表壳，防水100米。

RICHARD MILLE

RM005-FM限量款

RICHARD MILLE专为巴西赛车手Felipe Massa 推出的RM005-FM限量款，是以之前的RM005表款为基础，并采用黄色与绿色的面盘设计，让这款腕表在阳刚的外型下，还有活泼鲜明的色彩美学。

RICHARD MILLE RM005-FM把对一级方程式的激情和技术资源具体化。在高效，准确度和可靠性方面，汽车和腕表共享着类似的规则。高性能腕表的每一个零件，表壳、螺钉、夹板、齿轮、杠杆、发条、底板或是平衡齿轮，都必须达到与F1赛车同样严格的安全标准和抗震要求。所有这些零件的研制必须保持绝对的凝聚性，就像赛车底盘，引擎，操纵杆和传动装置的研究开发，都必须保持和谐，才能在困境中达到最优质水平一样。因此，RICHARD MILLE RM005-FM腕表使用自动调整式自动盘和钛金属表壳，只有这样，它才能成为Felipe Massa 试验、演练和赛车时的可靠伴侣。

装配005-1自动上链机芯，自动调整式自动盘，时、分、秒指示，蓝宝石水晶表盘，7点钟位置日期显示，钛金属表壳，蓝宝石水晶镜面与底盖，全球限量300只。

SEIKO

Sportura F1赛车闹铃计时码表

Sportura F1赛车闹铃计时码表上，面盘并列Seiko Sportura与Honda F1赛车队徽，标示出两个顶尖品牌的合作，Sportura F1赛车人动电能极限计时码表，集合了F1赛车重要元素所设计，包括速度、精准与完美的要求。这款人动电能极限Sportura F1赛车闹铃计时码表，计时准确度达10分之1秒，且可瞬间归零。Sportura F1赛车人动电能极限计时码表则以赛车手临场之视觉印象为设计灵感，并搭配F1赛车之变速齿轮推出限量组合表款，传达专业制表与专业车厂相得益彰的表现。

闹铃计时码表机芯7T62，时、分、秒指示，计时码表功能，不锈钢表壳，蓝宝石水晶镜面，橡胶表带，防水100米，全球限量1,500只。

TISSOT

Nicky Hayden限量表

今年来自美国的Moto GP赛车手Nicky Hayden，成为TISSOT的形象大使，他优异的成绩令人惊叹。而此款以Nicky Hayden为名的限量表运用碳纤维与不锈钢构成的表壳，延伸出如同摩托车制动器的按把，充满赛车的速度感。

装配石英机芯，时、分、秒指示，日期显示，计时码表功能，不锈钢与碳纤维表壳，防水50米。全球限量2,006只。

ORIS

Williams 日历星期表

2006年ORIS继续荣任WilliamsF1车队的官方腕表伙伴。ORIS与Williams车队的合作关系始于2003年，并于同年发表了脍炙人口的威廉斯赛车系列表款。赛车元素与表款设计巧妙而动感的融合，无论是具有F1垂直轮胎压纹的橡胶皮表带，或充满运动风情的表盘设计细节，充分反映赛车运动的分秒必争。两者的结合呼应了相同的哲学：对时间的尊重与珍视。

装配自动机芯，时、分、秒指示，日期、星期显示，黑色碳纤维表盘，不锈钢表壳黑色PVD涂层，蓝宝石水晶镜面，防水50米，碳纤维表带搭折叠扣。

腕表结合运动

帆船赛事

AUDEMARS PIGUET

Royal Oak City Alinghi Chronograph

AUDEMARS PIGUET爱彼表赞助的Alinghi帆船队为了2007年的美洲杯帆船赛，驻扎于西班牙的瓦伦西亚基地(Valencia)，做关键性准备。爱彼表为了向这支享誉全球的帆船队致敬，特别献上一只计时码表，制作了一只皇家橡树离岸型Alinghi女表。强而有力的表壳设计是AUDEMARS PIGUET Royal Oak City Alinghi Chronograph的特色，30分钟计时盘、小秒盘分别位于3、6点钟方向，带有Alinghi队徽鲜红螺旋标志的12 Alinghi小时计时盘则位于9点位置。表底盖刻有双帆迎风展翅的图案，与限量发行(Limited Edition)的字样。

装配Cal.2385自动上链机芯，时、分、秒指示，动力储存40小时，计时码表功能，日期显示，雾面和亮面抛光不锈钢表壳，表圈镶32颗圆钻约1.25克拉，蓝宝石水晶镜面，高科技硫化橡胶表带，防水50米，限量发行320只。

GIRARD-PERREGAUX

Sea Hawk II USA-71海鹰二号动力储存腕表

有100多年历史的“美洲杯帆船赛”是西方的经典赛事，也是表界大事。为迎接意义非凡的美洲杯帆船赛，芝柏GIRARD-PERREGAUX与BMW Oracle合作发表一系列美洲杯纪念表，继去年的钛金属陀飞轮后，今年推出限量32只的防水1,000米陀飞轮腕表海鹰二号。表侧有两个解压水平座向自动排氦阀，表背镌刻精细的帆船图样，用以彰显这款腕表的纪念意义。

装配GP033R0自动机芯，时、分、秒指示，日期显示，46小时动力储存，防水300米。

OMEGA

海马系列美国杯帆船赛竞速计时腕表

任美洲杯帆船赛官方时计的欧米茄，为参赛的新西兰船队推出纪念表款。此款“美国杯帆船赛竞速计时腕表(Seamaster Aqua Terra Chrono NZL 32)”面盘上有重叠设计的小秒盘、帆船赛倒数计时圆形视窗与30分钟计时盘。在帆船赛中，掌握起跑时间是队长的重要任务，因为他必须负责调整帆船的位置，让帆船在首次鸣枪的15分钟后尽速通过起跑线(提早越线会被判违规)。而表盘上有五个圆形刻度点，由左至右逐渐变换不同颜色来提醒参赛者，确实掌握启航时间以抢得先机。

装配欧米茄3602自动上链机芯，动力储存40小时，时、分、秒指示，计时码表功能，不锈钢表壳，蓝宝石水晶镜面，不锈钢链带，防水150米。

PANERAI

Luminor 1950 Flyback Regatta古典帆船纪念腕表

著名的沛纳海古典帆船挑战赛巡回赛，2006年已是第二次举办，这次云集众多最精致的地中海古典帆船重返独一无二的地中海赛道，续写与航海世界的传统渊源。为庆祝这一重大盛事，沛纳海依例推出了特别版的2006 Luminor 1950 Flyback Regatta古典帆船纪念腕表。

表盘上标示的Flyback功能，是指腕表装配OP XIX自动上链机芯，具备由导柱轮系统控制的计时飞返归零功能，亦被称作“retour en vol”或“Taylor function”。这项功能的操作十分简便，当计时码表在运转时，按下飞返归零按钮（位于4点钟位置，而开始/停止功能按钮位于2点钟位置），便可使蓝色的中心计时秒针瞬间归零并继续运走计时，而无须先将其停止后，再重新按压开始钮进行新的计时。沛纳海Luminor 1950 Flyback Regatta古典帆船纪念腕表采用钢质表壳，其中嵌入的按钮，与表冠护桥和旋入式表盖完美融合，此为沛纳海最知名的设计。

装配沛纳海Cal. OP XIX自动上链机芯，时、分指示，飞返归零计时功能，动力储备42小时，3点钟分钟计时盘，9点钟小秒盘，测速仪刻度位于表盘边，不锈钢表壳，蓝宝石水晶镜面，浮雕Officine Panerai橡胶表带，防水100米，全球限量500只。

VACHERON CONSTANTIN

Overseas计时码表

江诗丹顿赞助欧洲最大经典帆船赛Trophee Bailli de Suffren，此活动的名称来自法国海军上将Pierre Andre de Suffren。他也是马尔他舰队司令与马尔他驻凡尔赛大使，而马尔他十字正是江诗丹顿的企业识别符号。今年帆船赛的冠军已出现，是Havsornen号。这艘1937年式16m20帆船赢得参加Sabre d'Honneur de l'Amiral Satan资格，该奖项亦由江诗丹顿赞助。船长Alexis Bordessoule也获颁一只Overseas计时码表，该表以结合技术和典雅著称。

江诗丹顿从一开始就赞助Trophee Bailli de Suffren。经典帆船赛的历史可追溯到19世纪末，由于此活动旨在保护延续绅士水手的精神，江诗丹顿视赞助为一种荣耀。这种运动精神一如江诗丹顿重视的价值：礼貌、公平竞争、尊敬传统、和典雅。

装配Cal.1137自动上链机芯，时、分、秒指示，计时码表功能，日期视窗，不锈钢表壳，蓝宝石水晶镜面，不锈钢链带，防水150米。

腕表结合运动

CORUM

Gipsy Moth IV纪念表

CORUM昆仑赞助Gipsy Moth IV船艇世界巡航的计划，并成为该船艇官方计时器。闻名航海界的Gipsy Moth IV原由Francis Chichester先生在1966年8月至1967年5月间驾驶，创下环游世界的全新纪录，更是航海活动的重要里程碑。

在昆仑的大力赞助下，焕然一新的Gipsy Moth IV再次扬帆启航，该巡航计划将提供年轻的航海爱好者逐梦的机会，让他们能够挑战当年由Francis Chichester创下的航行记录。2005年9月25日，Gipsy Moth IV在普利茅斯正式启航，预计于 2007年 5 月回航。为了纪念这一个航海活动盛事，昆仑特别推出全球限量250只的18K金 Gipsy Moth IV纪念表。表款面盘显示出当年Francis Chichester的航行路线图，每只表款并附有Gipsy Moth IV限量纪念证书。

装配CO-982自动机芯，动力储存50小时，夜光时、分、秒针指示，中央计时秒针，日期显示，表盘Gipsy Moth航行五大洲路线图，18 K黄金、白金或玫瑰金材质表壳，蓝宝石水晶镜面及表背摆锤型透明视窗，鳄鱼皮表带，防水50米，限量250只。

LOUIS VUITTON

Tambour Lovely Cup

身为路易威登杯的主办者，LOUIS VUITTON（路易威登）从2004年开始推出了Tambour腕表系列，让参赛的船员在出海比赛时配戴。2006年路易威登再推出配备赛船功能的计时腕表Tambour Regata LV Cup，让此系列更加完备。

Tambour Regata LV Cup腕表糅合传统制表技术与海洋的迷人魅力，除表面刻有航海地图，另具备倒数计时及指针飞返功能。这款独特的计时腕表，每一项细节皆为经典与创意的结合，以凸显路易威登的卓越精神。今年，这个海洋腕表系列中的全新女表款式Tambour Lovely Cup，小秒针内盘是一朵轻盈俏皮的Monogram花卉图案，随着每一秒的步伐徐徐移动。白色珍珠贝母表盘、白色亮漆表冠和天然白色橡胶Monogram表带，散发雅致动人的女性美。

装配ETA 251.471石英机芯，时、分与小秒针指示，计时码表功能，日期显示，白色珍珠贝母表面，不锈钢表壳，蓝宝石水晶镜面，压有Monogram图案的白色橡胶表带，防水100米。

足球赛事

JEANRICHARD

Juventus 足球限量表

风靡全球的世界杯足球赛在2006年举办，不少表款都为表达对世界杯的推崇，特别推出纪念表。绅士风十足的JEANRICHARD，在2006年也躬逢其盛一同欢庆，与意大利Juventus球队签约结盟。全新的运动表款，邀请意大利最受欢迎的Juventus球队队员代言；位于6点钟方向的Juventus队徽Power强劲有力，同时还有2004、2005的字样，象征JEANRICHARD与Juventus队连续三年携手合作的愉快历程；至于9点钟方向的计时码表功能也以45分钟的半场足球赛时间作为计时盘。

装配JR25计时码表机芯，时、分指示，计时码表功能，不锈钢表壳，蓝宝石水晶镜面，防水50米，限量280只。

TISSOT

PR50世界杯特别款

一向运动感十足的TISSOT，自然也不会错过这场席卷全球的世界大赛，为了加入世界杯足球赛热闹气氛，今年特别推出PR50世界杯特别款，充满足球风味的表款，具有可精准计时至1/10秒的计时码表功能。

装配ETA G 10.211石英机芯，时、分、小秒指示，日期显示，计时码表功能，不锈钢表壳，防水50米。

SINN

Model 303 Fu β Ball-The Soccer Chronograph 2006

强悍的军表SINN推出Model 303 Fu β Ball-The Soccer Chronograph 2006足球计时码表。12点钟与6点钟位置的计时表盘颜色，记录比赛的长度与超时时间，而9点位置的足球图案，更直接明确的标示这是一款纪念表，只在2006年供应。

装配SZ-02自动上链机芯，时、分、秒指示，日期、星期显示，计时码表功能，不锈钢表壳，防水200米。

暖棕色大流行

玫瑰金与巧克力色的多重组合

玫瑰金不是最近才出现的合成材质，巧克力色当然也不是最近才发现的新颜色。然而将这两者搭配融合成主角，营造出温润沉静的整体形象，在今年的表展却随处可见。

若说这是一股风潮，那么这波兴起的开端，应该可以从萧邦的巧克力钻珠宝表，以及去年年底欧米茄推出的碟飞巧克力女表算起。仿佛在预告着什么，那款表所强调的重点是腕表整体，包括面盘与表带搭配玫瑰金表壳所呈现的暖棕色系，也许因为概念来自瑞士有名的巧克力，故名为“巧克力色”。几个月后，我们在今年的表展中看到暖棕色系元素大量被运用于表款的设计与配色上，或许是面盘，或许是表带。相较于上一年度的主打——橘色系的明亮，今年在光度上很明显地低调许多，但是所呈现的质感上，却是另一种沉稳的面貌。不妨借用一下这令人感觉甜美的词语，我们将所有暖棕色系概括称为“巧克力色”吧。

而我们注意到在这波温暖的巧克力色中，最常被运用搭配的，便是同样令人感到温暖的玫瑰金材质。

玫瑰金又称红金、粉红金，基本上是以75%的黄金与红铜、银、锌等材质所合成偏粉红色的贵金属。色泽比起纯金粉嫩或暗沉了些，随着各品牌合成的配方不同，各家的玫瑰金色泽都有些差异。虽说腕表使用玫瑰金早已行之有年，但是一直以来黄金与白金（或铂金）还是市场的主力。一般配戴者，稍有年纪的多偏爱黄金所展现的贵气，年轻的则会喜欢白金（或铂金）的时尚，玫瑰金则总有种沦为配角的感觉。甚至有人认为，玫瑰金往往是改款到没东西改时才会推出的选项，不过这几年玫瑰金已开始崭露头角。

玫瑰金的出头天，并不是随机取样的，而是有更多合理因素的支持。就实用面而言，玫瑰金确实有更多的搭配延展性，不论在设计或搭配上都很好使用，尤其略显复古的感觉，在复古风当道的现在更是加分。另一方面，国际金价持续攀升，铂金的供给似乎也有减少的倾向，贵金属取得不易，而玫瑰金因为有添加其他材质，因此所需黄金成分较纯白金低，当然也更得人疼。

暖色系一向给人温和稳重的印象，因为是同样色系，棕色与玫瑰金搭配起来也格外合适，会在今日成为注目焦点，当然也是顺理成章的。

巧克力色与玫瑰金

AUDEMARS PIGUET

皇家橡树离岸女装腕表

皇家橡树给人的感觉一向是强悍至极，不过以女性为诉求的镶钻女表却也展现出一种刚柔并济的韵味。今年所推出的离岸女装腕表，不论是面盘、镶钻的表壳、表带，棕色的形象贯穿全只腕表，钻石与橡胶别出心裁的搭配，也强调出皇家橡树的经典风格。

皇家橡树离岸女装腕表

装配Cal. 2385自动上链机芯，时、分、小秒针指示，计时码表功能，玫瑰金表壳镶钻，褐色橡胶表带。防水20米。

TAG HEUER

Carrera Cal 360计时码表

深棕色的鳄鱼皮表带，搭配上同样偏深色的面盘，更凸显出金质的表壳及面盘上的指针与表盘。不要说它黑得不像巧克力，如果拿市售的巧克力来形容的话，TAG HEUER这款Carrera Cal 360计时码表所呈现的约莫是巧克力含量百分之82的巧克力。不信！自己去买一块来比较一下。

Carrera Cal 360计时码表

装配双机芯，报时基础机芯为自动机芯，C.O.S.C.认证，42小时动力储存，时、分、小秒指示。另一为Cal.360. 1/100计时码表机芯，100分钟动力储存。6点钟位置为1/100计时盘，12点位置为100分钟动力储存指示。有18K白金，玫瑰金，不锈钢表壳款式。

VACHERON CONSTANTIN

Overseas Dual Time

玫瑰金加棕色表带的元素组合在今年被大量运用，江诗丹顿也有如此款式，其所推出的三问万年历即是玫瑰金与棕色表带的组合。同时这款Overseas Dual Time两地时间，更进一步将玫瑰金材质彻底运用，表壳、链带皆以玫瑰金制作，搭配巧克力色表盘，散发出内敛可靠的感觉。

Overseas Dual Time

装配Cal.1222自动上链机芯，48小时动力储存，时、分、秒指示，日期指示，日夜指示，第二地时区指示。玫瑰金表壳。防水150米。限量250只。

暖棕色大流行

巧克力色面盘

BLANCPAIN

Le Brassus哈瓦那万年历GMT腕表

同样是暖棕色，巧克力的甜美在这款腕表上有些受挫，这款腕表的棕色所想传达的则是香味浓郁，却又可能呛喉的雪茄色。单就腕表名Le Brassus，可能看不出所以然，Le Brassus是瑞士的一个地名，但中译名则贴切许多，“哈瓦那”位在南美古巴。古巴给人的印象不正是雪茄吗？而这正暗示这款腕表的棕色意义，如此设计是出于总裁Marc A. Hayek对雪茄的热爱，于是BLANCPAIN将雪茄的棕色融入这款腕表中。别说我们这是空穴来风的推论，自动盘上细腻的雪茄叶雕纹，可是支持了我们这款腕表的设计主题正是“雪茄”的观点。

Le Brassus哈瓦那万年历GMT腕表

装配Cal.55A5A自动上链机芯，100小时动力储存，时、分指示，万年历功能，两地时间功能。铂金表壳。防水100米。全球限量150只。

HUBLOT

Big Bang Frappuccino

巧克力色的格纹面盘，经过立体压纹的橡胶表带，搭配经过抛光打磨的黑色陶瓷表壳。搭上今年热门的巧克力色泽，仿佛是一杯香醇浓郁的巧克力冰沙，兼容着强烈的时尚感，与沉稳的魅力。表壳侧面的夹层采用的是制作防弹背心所使用的Kevlar合成纤维，营造出表带直接贯穿表身的独特视觉。

Big Bang Frappuccino

装配HUB44自动上链机芯，42小时动力储存，时、分、小秒指示，日期显示，计时码表功能。黑色陶瓷表壳，橡胶表带。防水100米。限量250只。

GUCCI

Twirl

GUCCI毋庸置疑地被归纳入时尚表款中，既然时尚，对于流行色泽的运用该更为敏锐。今年所推出的Twirl，有着镂空双G图案的不锈钢表壳，完全衬托出小巧圆形的巧克力色面盘的甜美。

Twirl

装配石英机芯，时、分指示，不锈钢表壳。防水30米。

玫瑰金材质

PANERAI

Radiomir GMT/Alarm

只要提起PANERAI沛纳海三个字，最先浮现眼前的概念，该是实际的强韧精悍。不过今年沛纳海也有推出玫瑰金表款——Radiomir GMT/Alarm，这是继1999年限量60只的白金表款后再次推出的贵金属表款。但这不单纯是因为潮流使然，同时也是因为玫瑰金材质能够确保闹铃有较好的鸣响表现的缘故。考量还是因为实际需求，“实际”大概已经深入沛纳海的DNA了吧。

Radiomir GMT/Alarm

装配自动上链机芯，时、分、秒指示，日期显示，两地时间功能，闹铃功能。玫瑰金表壳，防水30米。

IWC

葡萄牙万年历

IWC所推出的这款葡萄牙系列万年历表款，并不像前两款般，以棕色的巧克力意念贯穿全部，黑色的面盘，在一片棕色之中，显得更为沉稳时尚。有趣的是一般万年历的月相功能，在这款IWC的葡萄牙万年历腕表上有了改变，12点钟位置的月相显示盘，不只呈现单一区域的月相，而是同时显示南北半球的月相盈亏，并且还安装了距离下次满月时间的倒数显示器。有什么用呢？很酷啊！不是吗？

葡萄牙万年历

装配51612自动上链机芯，时、分、小秒指示，万年历功能，7日动力储存指示，南北半球月相显示，距下次满月倒数显示。玫瑰金表壳，防水30米。

PATEK PHILIPPE

Ref.5396R年历表

玫瑰金与棕色鳄鱼皮带的搭配在今年被大量运用。PATEK PHILIPPE百达翡丽这款Ref.5396R年历表同样也运用了如此的搭配。暖色系让人感觉格外的温暖，再添入PATEK PHILIPPE百达翡丽一向古意十足的优雅设计，展现出仿佛传家古董般的温润质感。

Ref.5396R年历表

装配Cal.324 S QA LU 24H自动上链机芯，时、分、秒指示，日期显示，年历功能，月相盈亏显示，24小时指示。玫瑰金表壳，鳄鱼皮表带。防水25米。

璀璨珠宝表

复杂功能富贵逼人 & 设计与材质的自然取向

美丽的珠宝表，以往是石英机芯镶钻为多，现在复杂功能表镶钻比例提高；另外还吹起一股自然风，无论是自然元素或自然材质的运用，都有精彩创意表现。

曾几何时，珠宝表已不只有华美外貌，渐渐加入的重量级类项，让许多复杂功能腕表不甘于平淡，从陀飞轮腕表开始带动潮流，复杂功能表镶宝石的风气大开，有如风行草偃，这股奢华旋风带动众家表厂跟进，如今究竟是谁起头已不可考，哪位藏家最先购入更难追溯。但可以知道的是，镶饰宝石的奢华风，在今日已成显学。

珠宝腕表是供应富甲一方之人，在欣赏百年工艺之余，也让值得敬畏的工艺技术黄袍加身，获颁钻石级的荣耀。同时，即使有人不懂腕表工艺技术，看到那闪闪发亮的宝石，也必会了解其价值不凡。

今年，陀飞轮腕表镶饰钻石的比例增加，选用钻石因为它是宝石中硬度最高、价格最贵，再加上无色、无瑕的光采，不需担心配色问题，因此多数顶级腕表都镶饰美钻来增光。在使用钻石之外，也有黑玛瑙、珍珠、彩色刚玉加入，创造出更丰富的腕表风情。

大自然是珠宝设计师偏爱的主题，春风吹向珠宝腕表，表面上纷纷绽开花朵、钻蝶闪耀飞舞，太阳、星星和云彩也与光阴相伴，在分秒推移之间展现珠宝镶嵌的惟妙惟肖。今年的大自然风潮有红宝石镶成的莲花，还有星星与海星，更有各式各样的太阳在表面上发光发热，显露活力与朝气。

除了讲求外形的变化，珠宝表今年还有一个重要趋势，是关于新材质的运用。在求新求变和挑战不可能的理念驱使下，珠宝表和复杂功能表一样，大胆启用许多罕见珍材，包括乌木、猫眼石、珊瑚、名贵香木和特殊晶石等，这些新材质使珠宝表更具话题性，也提高其收藏价值。

复杂功能镶钻女表

近来，女性复杂功能腕表有增多的趋势，陀飞轮功能成为女性珠宝表的大热门。女表原本就是珠宝表始祖，近年各大表厂更加看重这块市场，为女性珠宝表推出更巅峰之作，其中最大的变化是提升工艺技术的成分。如素有钻石之王的HARRY WINSTON自投入钟表市场后，不仅善用自身坚强的珠宝工艺实力，对于腕表工艺的追求亦丝毫不见马虎。今年仕女腕表推出的全新Ocean Lady Biretro，即结合了顶级珠宝镶嵌与复杂功能装配有30秒逆跳与星期逆跳双逆跳功能，展现HARRY WINSTON完美结合娴熟珠宝与制表的实力。

AUDEMARS PIGUET向女性奉献礼赞，以陀飞轮工艺颂扬女性的知性美。高级钟表和珠宝都是艺术的表现，Jules Audemars陀飞轮腕表用追求至善至美的精神，透过镶钻的陀飞轮腕表来彰显女性雍然大度之气质。

GIRARD-PERREGAUX 的CAT'S EYE，因为拥有美丽的珍珠母贝面盘，向来就是女性表迷心中的梦幻腕表。2006年CAT'S EYE更大手笔推出单金桥陀飞轮女性腕表，以高超的陀飞轮工艺向女性致意，珍珠母贝面盘上细腻的手工立体雕花花纹，呈现绚丽而令人惊艳的多重风貌。表圈和表耳上镶的303颗美钻，散发优雅的璀璨光彩。

HARRY WINSTON

Ocean Lady Biretro

自动上链GP 3106机芯，30秒与星期双逆跳指示，偏心时、分指示，大型日期显示，白色表壳，白色珍珠母贝表盘，蓝宝石防反光镜面及底盖，白色鳄鱼皮表带，防水100米。

AUDEMARS PIGUET

Jules Audemars陀飞轮女装腕表

装配Cal. 2906手上链陀飞轮机芯，时、分指示，珍珠母贝表盘，钻石时标，18K白金表壳，表圈镶钻，蓝宝石水晶镜面与底盖，鳄鱼皮表带搭18K白金折叠表扣，防水20米。

GIRARD-PERREGAUX

CAT'S EYE单金桥陀飞轮

GP 9700.1A手上链机芯，单金桥陀飞轮，75小时动力储存，手工雕花珍珠母贝面盘，18K白金表壳，镶有303颗T钻，防水30米。

复杂功能镶钻男表

镶上华丽钻石的陀飞轮腕表，有如腕表中的贵族，既有眩目外在，亦有深厚内涵，既可欣赏陀飞轮运转的趣味，亦可感受珍贵时光的不凡价值。

PIAGET Emperador Tourbillon Haute Joaillerie表现超大型陀飞轮腕表的气势，表背装置圆形蓝宝石陀飞轮透视窗，可欣赏机芯之美。蓝色珍珠母贝表盘上的黑色罗马数字，更增添几分神秘色彩。此表装配的600P手上链机芯，是全球最薄的长方形陀飞轮机芯，机芯厚度仅3.5mm。

FRANCK MULLER令人惊艳的Crazy Hours又有新作，这回不只时针会逆跳显示时间，还装配属于复杂功能的陀飞轮，结合逆跳与陀飞轮两种机制的腕表，将FRANCK MULLER的高超制表工艺与无限创意的融合推向另一高峰。表盘上Art Deco式阿拉伯数字经过重新排列，加上FRANCK MULLER一向引以为傲的精密机芯，最终创制出这一枚卓越腕表。

PIAGET

Emperador Tourbillon Haute Joaillerie

装配PIAGET 600P手动上链机芯，动力储存40小时，飞行陀飞轮，时、分指示，18K白金表壳，黑色鳄鱼皮表带，18K白金折叠式表扣。

FRANCK MULLER

130T CH Crazy Hours陀飞轮腕表

装配机械机芯，动力储存60小时，陀飞轮装置，跳时指针，分钟指示，夜光数字，18K白金或铂金酒桶型镶钻表壳，透明后底盖，黑色鳄鱼皮表带，18K白金折叠式表扣。

PIAGET的Emperador Cushion Shape第二地时区腕表，位于7点钟位置的第二地时间指示，时间盘里以蓝色和白色半圆形显示日夜；透过此设计不只可让配戴者知道第二地的时间，也非常容易判别白天与黑夜。这款以美钻镶饰表圈的腕表，滑顺的圆弧形曲线延伸至表耳，部分时标和中央皆镶钻创造华美视觉焦点。

OMEGA同轴擒纵双追针计时码表，灿亮梯钻照亮湛蓝珍珠母贝表盘，以源自海洋的精神演绎时间的卓越工艺。美钻与辉彩动人的表盘组成了最完美的搭配，当家碟飞（De Ville）同轴擒纵系统革命性的划时代设计，更使这款腕表除了拥有华美外表，也有坚实的内在。

DEWITT镶饰缤纷彩钻的陀飞轮腕表，大胆创新极具特色的表圈设计，是因为总裁在飞机上看到阳光映衬云彩，发出七彩光辉而产生的灵感。因此他希望DEWITT腕表的珠宝镶饰，也能像太阳照射云海一样，拥有多彩多姿的光影。

PIAGET

Emperador Cushion Shape

装配PIAGET 850P自动机芯，动力储存约72小时，时、分指示，小秒针盘，第二地时区时间指示，大型阿拉伯数字日期视窗，18K白金表壳，黑色鳄鱼皮表带，18K白金折叠式表扣。

OMEGA

De Ville Platinum Ice双追针计时码表

装配欧米茄Cal.3612自动上链机芯，52小时动力储存指示，时、分、秒指示，珍珠母贝表盘，计时码表功能，18K白金表壳，表圈镶梯钻4.8克拉，蓝宝石水晶镜面与后底盖，黑色皮表带。

DEWITT

Academia Differential Rainbow Spirit Tourbillon

装配自制DW8002手上链机芯，时、分指示，陀飞轮装置，动力储存指示，钛金属、玫瑰金和橡胶表壳，表壳镶嵌彩色宝石，蓝宝石水晶镜面及底盖，橡胶表带搭配钛金属表扣，防水30米，全球限量25只。

璀璨珠宝表

设计元素自然风

正如许多珠宝设计师爱从大自然取材，作为珠宝创作的灵感。高级珠宝腕表的表面，也成为另一处表现神奇大自然的观景窗。比起造物主创建的自然界，人工的自然景象，显得更加璀璨、闪亮，呈现令人向往的意境。

花朵是今年面盘上的好风景，贵气的BLANCPAIN Women莲花自动表，表圈与表盘皆镶嵌红宝石，连表带上都有莲花图腾。HARRY WINSTON的Avenue也推出花园飨宴系列，经典的H字型镶钻外框，搭配典雅的Cluster花式钻石排列、钻蝶，以及万丈光芒的日出三种款式。

CHOPARD的Happy Sun腕表，在奇妙的珍珠母贝面盘上，呈现带有粉橘色的云彩，钻石镶成的放射状光芒，炽热灼烧、充满强劲生命力。SARCAR则以钻石做成像太阳的Sunrise表圈，拥有专利可转动的三环表圈，层次分明、充满趣味。

CHOPARD

Happy Diamonds Collection with Sun Dail

装配石英机芯，时、分指示，珍珠母贝表盘，钻石镶嵌太阳饰纹，12点钟透明视窗滑动钻石，18K白金表壳镶钻，蓝宝石水晶镜面与底盖，白色鳄鱼皮表带搭K金表扣。

BLANCPAIN

Women

装配Cal. 1150自动机芯，动力储存100 小时，时、分、秒指示，日期显示，不锈钢表壳直径34mm，表圈与表盘镶红宝石，蓝宝石水晶镜面与底盖，莲花橡胶表带，防水100米。

HARRY WINSTON

Avenue Butterfly

装配石英机芯，时、分指示，铂金表壳，深宝蓝色珐琅表面，共镶143颗(共重92.07克拉)美钻，黑色缎质表带。

SARCAR

Sunrise

装配石英机芯，时、分指示，可旋转三环表圈，有18K白金与玫瑰金两种表壳可选择。

星星是今年的热门图腾，包括GLASHÜTTE ORIGINAL及ZENITH，都推出星星腕表。GLASHÜTTE ORIGINAL的Star系列Sea Shell腕表，星星小秒盘与珍珠母贝制成的时、分面盘相衬，更加别出心裁。这款表着重视觉设计和柔和色彩，除装配Caliber90系列机芯，面盘设计活泼、精采非凡。

ZENITH推出BabyStar Open的Sky与Sea两大系列，以天空中的流星、海洋里的海星为设计概念，色彩粉嫩柔和的Sea腕表与星光闪耀的Sky腕表可望透过特殊视窗形状再掀女表流行。此系列表款面盘设计丰富，活泼俏皮，连表带亦有不同搭配，海星视窗搭珍珠鱼皮表带，镶钻的星星视窗则搭配牛皮表带，可谓心思细腻、面面俱到。而同时具备星星和月亮的PERRELET星光灿烂腕表，镶在表面的星星美钻和月相视窗相辉映，更加璀璨美丽。

GLASHÜTTE ORIGINAL

The Star Collection "Sea Shell"

装配90-02自动机芯，双鹅颈式微调器，21K金自动盘，动力储存42小时，时、分与小秒针指示，月相与大日期视窗显示，珍珠母贝时分盘，表圈镶64颗钻，表冠镶1颗0.25克拉钻石，深紫色鳄鱼皮表带。

PERRELET

星光灿烂腕表

装配P-1030雕花自动机芯，动力储存42小时，时、分、秒、日期指示及大型月相视窗，星星镶钻，珍珠母贝表盘，不锈钢表壳，蓝宝石水晶镜面及透明后底盖，珍珠鱼皮表带，防水30米。

ZENITH

Star Open Sea & Sky

装配El Primero 4021自动机芯，动力储存50小时，时、分与小秒针指示，中央计时秒针，计时码表功能，11点钟Open Star设计，不锈钢表壳，蓝宝石水晶镜面，白色皮表带，防水30米。

特殊自然材质

计算时间的腕表，为了坚固耐用，大多使用金属制成，近年来不仅在机芯上有碧绿矿石、矽晶擒纵轮等特殊材质，自然材质的使用率也大大提高，包括有珐琅镶嵌珍珠面盘、猫眼石面盘，更有珍木微雕和乌木表壳。

卡地亚的珐琅镶嵌技术日益精进，并首次搭配珍木微雕、黄金与钻石，令造型更富变化及拟真。限量发行20只的Santos 100，以名贵香木模仿的雄鹰羽毛，共使用8种木质装饰，除了需仔细考虑木质本身的颜色、纹理方向与结构，每一片都是由手工拼贴而成。

JAQUET DROZ La Fleur du temps流转花卉系列腕表，以大小相同的珍珠或石榴石，在面盘上分别演绎专属JAQUET DROZ的低调性感。偏心式的珐琅面盘，有如冰珠滑动的珍珠镶嵌，手法高超。

HARRY WINSTON以黑檀木树心做一体成型的表带，将铂金表壳精巧地嵌于黑檀木手镯中，再制作珍贵的顶级手镯式腕表，展现镶嵌技巧上的出神入化。由于黑檀木的质地非常坚硬，更提高加工困难度。Avenue Bangle Ebony的隐形搭扣，配戴方式简易却又不影响整体的完美弧线。表带上镶嵌的玫瑰图形，发想自法国画家皮埃尔–约瑟夫·雷都德（Pierre-Jóseph Redoute）的绘画，增添艺术氛围。

HARRY WINSTON

Avenue Bangle Ebony乌木腕表

装配石英机芯，时、分指示，铂金表壳，乌木表盘与表带，镶法兰斯切割方钻36颗约1.65克拉；链带镶法兰斯切割方钻7颗约0.28克拉，花蕊镶0.05克拉美钻，防水30米。

CARTIER

Santos Mystérieuse

装配手上链机芯，时、分指示，银色猫眼石表盘，镀钯表壳镶圆钻，黑色鳄鱼皮表带。

CARTIER

Santos 100 珍木老鹰腕表

装配手上链机芯，18K黄金表壳，镶嵌圆钻，海军蓝色鳄鱼皮表带，18K黄金可调式折叠表扣，限量20只，表背镌刻序号，珍木微雕拼贴雄鹰图案。

JAQUET DROZ

La Fleur du temps

流转花卉珍珠腕表

装配Jaquet Droz 2663自动上链机芯，偏心时、分指示，动力储存68小时，银色漆面表盘，手工镌刻花纹并镶嵌93颗珍珠，18K白金表壳，白色鳄鱼皮表带，防水30米，每款限量8只。

A.LANGE & SÖHNE 朗格
A.DUNHILL 登喜路
AUDEMARS PIGUET 爱彼表
BLANCPAIN 宝珀
BALL WATCH 波尔表
BELL & ROSS
BERTOLUCCI
BOUCHERON宝诗龙
BOVET 播威
BREGUET 宝玑
BREITLING 百年灵
BVLGARI 宝格丽
CARTIER 卡地亚
CARL F.BUCHERER 宝齐莱
CENTURY 世纪表
CHANEL 香奈儿
CHOPARD 萧邦
CHRONOSWISS 瑞宝表
CK
COACH
CORUM 昆仑表
CONCORD 君皇表
CYMA 西马表
CREDOR 贵朵表
DEWITT
DANIEL ROTH丹尼诺夫
DUBEY&SCHALDENBRAND 杜彼萧登
EBERHARD&CO. 依百克
EBEL 玉宝表
EDOX 伊度表
EPOS 爱宝时
FRANCK MULLER
FERRARII
FREDERIQUE CONSTANT 康斯登

各大品牌

畅销表款全搜录

2006

FORTIS
GLASHÜTTE ORIGINAL 格拉苏蒂
GIRARD-PERREGAUX 芝柏表
GÉRALD GENTA 尊达
GUCCI 古驰
GUESS COLLECTION
HARRY WINSTON
HAMILTON 汉米尔顿
HERMÈS 爱马仕
HUBLOT御博表
IWC 万国表
JAEGER-LECOULTRE 积家
JAQUET DROZ
JEANRICHARD 尚维沙
JUVENIA 尊皇表
LONGINES 浪琴表
LÉON HATOT

MILUS 美力士
MAURICE LACROIX 艾美
MIDO 美度表
MONTBLANC 万宝龙
MOVADO 摩凡陀
NHC
ORIS 豪利时
PORSCHE DESIGN
OMEGA 欧米茄
PIAGET 伯爵表
PANERAI 沛纳海
PARMIGIANI 帕玛强尼
PATEK PHILIPPE 百达翡丽
PIERRE KUNZ
RAYMOND WEIL 蕾蒙威
RADO 雷达表
REVUE THOMME 总统表

RICHARD MILLE
ROAMER 罗马表
ROGER DUBUIS 豪爵表
ROLEX 劳力士
SAINT HONORÉ 圣宝莱
SEIKO 精工
SINN
TUTIMA 帝玛表
TISSOT 天梭
TAG HEUER 豪雅表
ULYSSE NARDIN 雅典表
VAN CLEEF & ARPELS 梵克雅宝
VACHERON CONSTANTIN 江诗丹顿
VERSACE 范思哲
VULCAIN 窝路坚
ZENITH 真力时

~2007

A.LANGE & SÖHNE 朗格

基于德国制表工艺的A.LANGE & SÖHNE朗格，以凤凰浴火重生的姿态于短短十年间就脱颖而出跻身顶尖钟表品牌的行列。以源自德国精良扎实的制表工艺，创造了近年来难得一见的表坛奇迹。

自1994年朗格推出其复出后的第一只手表Lange 1腕表后，源自德意志血统的精湛工艺与绝美时计立刻在表坛掀起一阵波澜，并立即赢得如潮水般涌来的赞美和痴迷。

浴火重生的朗格秉持德国制表技艺的优良传统，同时更致力突破创新，多项的设计都于表坛奠定潮流领导者的地位。最著名的当然是首开风气的专利大日期视窗，以及当腕表调校时间时，秒针能自动归零的机制等。此外，最为突出的则是机芯设计保留了源自德国格拉苏蒂制表传统的四大技艺：以未经处理的“德国银”合金（铜、锌和镍的特殊合金）为基板材质；机芯采用四分之三夹板；夹板上的宝石轴承装置在黄金套筒中并以蓝钢螺丝固定；螺丝微调摆轮配合鹅颈式调速器。这四大设计不仅是朗格鲜明的特色，更是引以为傲的传统技法，加上德意志民族钜细靡遗的态度以及细腻的装饰工法，呈现出朗格复古讲究而且高贵华丽的特色。

Datograph Perpetual

凭着全新研制的万年历装置，朗格将大日期显示提升为“万年大日期”，亦即到了2100年2月28日，佩戴者只需按动按钮，即可将所有显示统一地推后一天，从而跳过29日，解决了格列高里历的习性问题，能精确显示星期、月份与闰年等正确日期，同时具备日、夜指示功能。正因装置拥有极高的准确度，使月相每隔122年才会与真正的月亮周期出现一天的偏差。这样高的精准度，全凭朗格机芯设计师为万年历系统所研制的全新调校系统：利用不同长度的锯齿和一个形状特制的年历棘轮，来缩短手动调校年历所涉及的转辙轨道，并减少推进大日期所需的动力。当然，Datograph Perpetual的卓越之处不只限于计算长时间，亦精于短时间的精准计算。当中的计时性能，是源自著名的朗格飞返计时表，结合精确跳分积分盘及经典的导柱轮装置，能计算至1/5秒的准确度。

铂金材质，L952.1 手动机芯，时、分、小秒针指示，大日期视窗，飞返计时功能，跳分计时指针，万年历功能，日、夜指示。蓝宝石水晶镜面及底盖，鳄鱼皮表带。

Richard Lange

Richard Lange的诞生，可视为再次复兴天文台腕表工艺的佳作。这枚雅致的三指针腕表，采用传统设计中尺寸较大的扫式秒针，可用于计算极精确的时间，是向理查·朗格致敬之作。朗格研究室的工程师花了数年时间，研制出一个截停装置，只需借助主发条扭力侧面最固定的部份便可运作。此外，透过一个特别的震动分析器，腕表亦可进行个别计算，以隔离擒纵器及齿轮系统影响比率的结果。透过这个机构，再加上震动器高度精密的调校，能确保Richard Lange的比率偏差保持在非常狭小的幅度内。面盘设计清晰易读，罗马数字时标忠实反映出经典特色。蓝钢扫式秒针精确地沿着秒数度标间的细小刻度走动，精密的刻度再细分为1/6秒的间隔，足见朗格务求创制出一枚符合精密天文台时计的决心。

18K黄金、玫瑰金或铂金材质，L041.2手动机芯，动力储存38小时。时、分、秒指示，蓝宝石水晶镜面及底盖，鳄鱼皮表带。

Lange 1 Time Zone

此款以Lange 1为基础所衍生的Lange 1 Time Zone腕表，精致细腻的质感与令人激赏的实用功能，正是德意志民族创作精神最完美的展现，一推出立即赢得表坛与收藏家极高的评价。

Lange 1 Time Zone腕表将原本Lange 1的偏心时分盘转化为原地时区指示盘，小秒针盘则为当地时区取代，两个面盘皆附有日夜显示，蓝色半圈代表夜晚，另外半圈则为白天，让佩戴者可以更精确的掌握两地的日夜时差，也真正落实了两地时区腕表的精准与实用性。另一个首创的功能，则是面盘外圈装置了代表全球24个时区的城市圈（city ring），当按8点钟位置的调校按把时，城市圈会随着当地时区指针的变动而转动，当调校至正确的当地时间时，城市圈也会对应到该时区的代表城市，对应点则在第二时区的五点钟位置。

另外一个较为特殊的设计，则是Lange 1 Time Zone亦可以调校时差以30分钟为单位的国家或城市，如印度、缅甸等，相较于其他具有时区功能的表款，这样细微精确的设计再次展现朗格追求极致的制表精神。

18K黄金、玫瑰金、铂金材质，Lange L031.1手动上链机芯，72小时动力储存。时、分指示，大日期视窗。两地时区日夜显示，全球24时区主要城市显示。动力储存指示。蓝宝石水晶玻璃镜面及底盖。鳄鱼皮表带。

Cabaret Moonphase

朗格的方形腕表Cabaret系列，以突出的方形外观于朗格系列表款中显得独树一帜，刚硬俐落的线条搭配大日期视窗为Cabaret系列塑造出独一无二的风貌。为了满足更多表迷的期望，朗格特别于大日历视窗之外加载了月相性能，推出Cabaret Moonphase月相腕表，内部装配了Cal. L931.5手上链机芯，尽量利用了有限的空间，再次成为朗格卓越工艺的最佳见证。狭小的表壳空间里，却装载着朗格引以为傲的大日期视窗与月相功能，彻底克服机芯空间的难题与机械构造的迷思，从而带动起一股大日期视窗腕表的创作风潮。

18K黄金、玫瑰金材质，Cal. L931.5手上链机芯，时、分、小秒针指示，大日期视窗，月相显示。蓝宝石水晶镜面及底盖，鳄鱼皮表带。

Arkade

Arkade是朗格表款系列中造型颇为特殊的表壳，也是专为女性设计的女装机械腕表。造型设计以德勒斯登（Dresden）宫廷花园的拱门为灵感，是为了纪念创始人阿道夫·朗格的妻子成长的地方所设计。而表面上的方形日期视窗设于12时位置，与6点钟的小秒针圆盘相对应，再次展露方与圆之间的交融和谐之美。表圈上以精工密镶晶灿美钻，搭配白金的耀眼光芒尽显仕女华贵风情。

18K白金或黄金材质，L911.4手动上链机芯。时、分、小秒针指示，大日期视窗，表圈镶有华丽美钻。蓝宝石水晶镜面及底盖，鳄鱼皮表带。

A.DUNHILL 登喜路

这几年A. DUNHILL精湛的创意表现，令人大开眼界。今年，A. DUNHILL除了将去年受欢迎的表款加以延伸，使其系列更佳丰富外，同时也掺入了全新的创意，相当令人激赏。

渲染着浓重的英式色彩，Parody Stone从创意到周身的结构元素全部取材于英国最富传奇色彩的国王——勒·莫特·亚瑟。亚瑟王和他的圆桌骑士的故事在西方家喻户晓，他是英国的代表人物，是勇敢改变历史的国王。Tom Bolt先生用打破传统的方式来诠释英国的传统，恢宏奇变，Parody Stone带给人们的是一场意想不到的骑士梦。象征骑士头盔的防护罩，形似经文卷轴的表耳装饰，黑耀石的表盘上手刻英国传统“三狮”纹章，St George（圣乔治）大十字勋章修饰的日期显示，都会勾起对15世纪英格兰的无限遐想。此款仅发行250只18K白金版本和12只铂金版本以示珍贵。铂金版的Parody Stone表盘上的“三狮”纹章采用象征亚瑟王宝剑的碧玉雕刻而成，12小时刻度相对应12名圆桌骑士的盾牌嵌花，表背均手刻一名亚瑟王骑士的名字，12名勇士英魂赋予其中。

盛大的骑士主题中传统与现代的思绪不断撞击，A-Centric Pentagraph——“一个中心5个字母相连”之意，形如其名，5个从中心出发的指针，分别指示不同的功能：蓝色箭头指向最外圈的蓝色第二时区，红色指针对应第二圈的日期环，白色秒针与第三圈的秒圈刻度配合，时分针呈加粗的黄色指明内圈12小时黄色刻度。如同运动场安置不同颜色座椅来划分区域一般，A-Centric Pentagraph用4种色彩区分不同的功能，并只用指针显示，这正是英国设计师桀骜不驯的性格展现。Wheel Watch延续对古董汽车的联系与想像，表圈、表面、附盘与指针一一与车对应，而表冠隐于表背。女装表款Citytamer今年推出了迷你版，表圈上起固定作用的螺丝、表面的多切面皆为迷你版的特征。

Citytamer Small

装配石英机芯，时、分指示。玫瑰金上表盖与白K金底盖。限量500只（300只棕色鳄鱼皮表带与双色金折叠表扣、200只玫瑰金链带。）

Parody Stone

装配Dubois-Depraz自动上链机芯，时、分、秒指示，大日期视窗显示，40小时动力储存。有铂金与18K白金材质表壳选择。

Wheel Watch Chronograph

装配Dubois-Depraz计时码表机芯，时、分、小秒针指示及计时功能。不锈钢表壳。每个颜色限量500只。

A-Centric Pentagraph

装配Dubois-Depraz自动上链机芯，时、分、秒、日期、第二时区指示，40小时动力储存。有不锈钢与18K黄金材质表壳选择。

AUDEMARS PIGUET 爱彼表

今年，以“Le Temps Ovale椭圆时间”为年度主题，爱彼表将问世10周年的千禧系列之椭圆表壳，发挥得淋漓尽致：两款超复杂表款，借由全新擒纵结构与新材质机芯零件，成为风云表款。

爱彼表近年来在创新复杂功能与机芯结构方面，具有相当杰出优异的表现，这必须归功于爱彼表的APRP机芯厂。1999年，爱彼表厂开始提出了Tradition of Excellence collection“八大天王系列”制表概念，在机芯改革与超复杂功能的领域，都贡献了足以改变近代钟表发展的构想。今年的第五号腕表，以5个各司其所的小表盘，营造出立体空间的透视感。右边为首创的直线排列万年历，左边则是架构于机板之上的擒纵摆轮，可以一览全新的擒纵结构，并赋予了腕表独特的风情。出自制表大师Mr. Giulio Papi之手的全新擒纵系统，融合两大传统擒纵器优点，具有无须润滑、超高效率、性能稳定与良好抗震性等，是今年新擒纵革命趋势中的佼佼者！另一款向意大利马莎拉蒂MC12跑车致敬的千禧MC12陀飞轮计时码表，装配专为此制作的椭圆形Cal.2884手上链机芯，从设计美学与技术层次都有所作为。在结构方面，刻有两大名厂名称的双发条盒，分别位于陀飞轮装置的上方，提供了长达10日的动力储存；计时码表按钮位于12点钟位置两侧，不仅罕见，也更为符合人体工学。为减轻重量，机芯机板采用碳质材，机芯正、反两面的桥板，则是以阳极去氧化处理过的铝，重现MC12跑车上的湛蓝色泽。从功能、线条、材质与颜色，具体而微的传达MC12跑车的精髓所在！

在新一年度里以献给全球女性为题，爱彼表结合复杂功能与珠宝镶嵌，赋予女表系列全新风情。Jules Audemars陀飞轮女装腕表结合了奢华、工艺与美学概念的腕表，从珍珠母贝表盘到机芯机板都雕刻有细腻螺旋图案，在Jules Audemars经典表壳的衬托下，浑然天成地将爱彼表精湛工艺，以女性独具之面貌具体的呈现出来。而结合钻石、鲜艳色彩与橡胶等不同元素的皇家橡树离岸型女装计时码表，今年除了增添不同颜色为基调，并推出全镶钻款式，让钻石光芒为其独特的表壳线条献上最奢华的加冕。可想而知的是，要在独特八角表圈与表壳上全部镶满钻石，其镶工技术势必是个艰难的挑战，再次印证爱彼表顶级珠宝镶嵌之不凡功力。

皇家橡树离岸型女装计时腕表

Cal. 2385自动机芯，计时功能，日期显示，钻石时标，18K白金表壳镶钻5.90克拉，橡胶表圈与表带。

Ladies' Jules Audemars Tourbillon

Cal. 2906手上链陀飞轮机芯，珍珠母贝表盘，钻石时标，18K玫瑰金或白金表壳，表圈镶嵌钻石，蓝宝石水晶镜面与底盖，防水20米。

八大天王第五号

Cal. 2899手上链机芯，双发条盒，168小时动力储存指示，爱彼全新独家擒纵器，直线式万年历显示，跳秒指示，950铂金表壳，蓝宝石水晶镜面与底盖，防水20米。全球限量20只。

千禧MC12陀飞轮计时腕表

Cal. 2884手上链陀飞轮机芯，双发条盒，专利制动装置，240小时动力储存指示，碳制机板，铝质桥板，计时功能，950铂金表壳，蓝宝石水晶镜面与底盖，防水20米。全球限量150只。

BLANCPAIN 宝珀

271年来，始终坚持以制表大师们所传承的传统技艺，并打造出了一只一只传世经典的BLANCPAIN，见证了手工制表的经典与永恒不朽的价值。

去年BLANCPAIN总裁Marc A. Hayek就提前预告，2006年将会推出专为女性量身打造的全新女表系列。果不其然地，今年BLANCPAIN一如允诺地推出名为Blancpain Women的女性表款。其巧妙地运用钻石、颜色、与线条设计，以三种花朵姿态为主题，呈现出符合现代女性风采的相对应之作。在细节方面，专为此系列所设计的弹簧式折叠表扣，兼具了配戴时的舒适度与拆卸的方便性，全系列都具蓝宝石水晶底盖，可鉴赏BLANCPAIN引以为傲的机芯风采，也点出今年女性机械表的大势所趋。

在男表方面，BLANCPAIN将去年所发表隐藏式按把调校万年历机制，首度运用在Le Brassus系列中，推出哈瓦那隐藏式调校万年历GMT腕表。BLANCPAIN首开先例地将万年历功能调校按把，挪至表耳背面，在维持圆形表壳的完整性及美感的同时，也可轻松以手指调校万年历时间，在功能方面则再追加了实用的GMT两地时间指示功能，在外观上，延续Marc A. Hayek对雪茄的热爱，除将雪茄的颜色融入表盘中，自动盘上精致细腻的雪茄叶雕纹需耗费两个月工时完成。另外一款以隐藏式镶嵌钻石方式，在表盘上排列出旋转花纹的陀飞轮腕表，恰如其分地将陀飞轮旋转之意完美展现。

钻石陀飞轮腕表

装配自动机芯，时、分指示，12点钟位置陀飞轮装置，大日期视窗显示，表盘、表圈与表耳镶嵌钻石，18K白金表壳，白色鳄鱼皮表带。

Blancpain Women
雏菊飞返计时腕表

装配Cal.F185自动机芯，动力储存40小时，时、分与小秒针指示，计时功能，粉红色表盘，不锈钢表壳直径34mm，蓝宝石水晶镜面与底盖，鳄鱼皮表带，防水100米。

Blancpain Women
莲花自动表

装配Cal.1150自动机芯，动力储存100小时，时、分、秒指示，日期显示，不锈钢表壳直径34mm，表圈与表盘镶嵌红宝石，蓝宝石水晶镜面与底盖，橡胶表带饰有莲花图腾，防水100米。

Le Brassus
哈瓦那万年历GMT腕表

装配Cal.55A5A自动机芯，100小时动力储存，时、分指示，万年历，24小时制两地时间，铂金表壳，蓝宝石水晶镜面与底盖，防水100米，全球限量150只，附赠古董制表车床外型雪茄剪。

自1735年创厂以来坚持只生产高品质机械表的宝珀BLANCPAIN，给予表迷们最深刻印象，一是精密而复杂的机芯，其二是坚持以圆形构成简单严谨的表壳风格，以最纯粹的工艺精髓作为品牌的核心价值，并统合各种复杂功能的设计，使宝珀到了今日依然稳坐瑞士钟表业的顶级大厂地位，亦令其他品牌难以望其项背。

春宫动态雕饰三问表

春宫入表始自十八世纪，在那个怀表还是属于少数菁英或贵族阶级才能拥有的时代里，工匠们精心以手工打造附有活动人偶装置或是珐琅彩绘表盖的春宫怀表，经常在各式的社交场合中作为彼此交流或炫耀的玩意儿，甚至是贿赂、馈赠的最佳利器之一。直到1816年教会组织设立委员会，开始劝告表匠别再制造此类“妨害善良风俗、有损国家荣誉”的钟表产品，于是在1817年瑞士正式颁布了命令，禁止制造及贩卖春宫怀表。春宫表因此沈寂了好一段时间，直到1993年宝珀BLANCPAIN推出一只三问附加金雕活动人偶春宫腕表，才使得春宫表再次重见天日。

春宫表中最常使用到的珐琅彩绘、金雕技法，或是活动人偶装置，要在机芯尺寸或是表面面积比怀表都要小的腕表上制作，需要相当高超的技艺与细腻的工法，仅有极少数的顶级表厂或制表大师有能力制作这一类腕表，因此这些春宫表无论作工或是机械工艺的精密细致表现都在水准之上。

宝珀制表师运用世界最小的三问报时机芯Cal.332，在极其有限的空间内置入超过300个零件，同时还必须兼顾报时音簧的音质与共鸣，再加入控制图像的齿轮与活动组件，而且还必须将这些活动组件间的连动调整至最和谐的状态，才能造就绝妙的活动人偶三问表，工艺之细腻教人赞叹不已。而在表盘艺术层次上，以手工绘制，层层制作的搪瓷面盘，再利用大明火烧制而成。每一只宝珀表之春宫三问表的活动人偶图案，都是独一无二的“Unique Piece”！此外，宝珀表绝不重复制作相同的图案，以确保每一只宝珀春宫表之独特性及珍贵价值。金雕的动态人偶从绘图创作到雕刻完成，则由目前仅有的1~3位国宝级金雕大师独力完成，具有18个活动关节的活动人偶，至少需要3到4个月的制作时间。动态人偶经由金属片亮面与雾面的多层次雕面交叠，让平面创作不但展现精致的立体感，同时能拥有动态的金雕之美与趣味性，也使得活动人偶更加栩栩如生与确立了每只表款独一无二的珍贵性。而融合冶金、声学和微细雕镂技术精华之大成的春宫表，更是符合收藏家们顶级鉴赏标准的经典代表作。

春宫动态雕饰三问表

手上链机芯，时、分指示，三问报时，玫瑰金表壳38mm，表底盖具金雕活动春宫人偶，随报时活动。

金雕的动态人偶从绘图创作到雕刻完成，由瑞士目前仅有的1?2位国宝级之金雕大师独力完成，具有18个活动关节的活动人偶，至少需要3到4个月的制作时间。

春宫动态雕饰三问表

手上链机芯，时、分指示，三问报时，玫瑰金表壳38mm，表底盖具金雕活动春宫人偶，随报时活动。

BALL WATCH 波尔表

每年都有新创意的BALL WATCH，持续在2006年发表多只新表永不歇息地向时间致敬。其中最令人耳目一新的包括Trainmaster Power Glow及使用钛金属材质的Engineer Hydrocarbon Titanium。Trainmaster Power Glow腕表创意十足的40小时夜光动能显示机制，就像横置的汽车仪表板，由左到右标示腕表剩余的动力能量，BALL WATCH专利的自体发光微型气灯，在夜间展现其自然发光的优异性能。驾驭地心引力、遨游奇幻宇宙，为满足科学家和终极运动家的需求，BALL WATCH延续去年可抵御零下40摄氏度低温的Engineer Hydrocarbon系列，慎重推出42mm的钛金属表款，使用钛金属打造的Engineer Hydrocarbon，不仅加强了抗磨损能力，所减轻的重量，对追求速度与极限的运动家来说，更是具有实质的竞争价值。

Engineer Hydrocarbon Titanium

ETA2836-2自动机芯，特制机芯油能抵御-40℃低温，时、分、秒指示，日期显示，直径42mm，嵌32支自体发光微型气灯，钛金属表壳，蓝宝石水晶镜面，防水300米。

Trainmaster Power Glow

ETA2896自动机芯，时、分、秒指示，日期及夜光动力储存显示，直径41mm，嵌28支自体发光微型气灯，蓝宝石水晶镜面，不锈钢表壳，防水50米。

BELL & ROSS

BELL & ROSS与众不同的正方形身影，是延续宇航精神的代表作，抢眼的外型和独特设计质感，46mm超大表面契合流行趋势与军表专业性。不矫揉造作，一切简单明了，BELL & ROSS强调一股作气、勇往直前的精神。源于机舱仪表板的设计灵感直接呈现表面，4颗安装于正面的锁牙螺丝，凸显BELL & ROSS由上而下特殊的机芯结构装置，旨在凸显其爽朗性格和独一无二的坚韧特质。

运用航空、军事、技艺、钟表、设计等领域的经验，BELL & ROSS BR01系列以模组概念加强功能，今年BELL & ROSS 特别推出BR01-94和BR01-92 Pink Gold Carbon表款，玫瑰金表壳搭配凸圆形表镜大方出众，充满前卫科技感。

Pink Gold Carbon专业计时码表

装配ETA2892自动上链机芯，夜光时、分、秒及时标，46mm，半玫瑰金表壳，皮革表带或合成纤维表带，防水100米。

Titanium专业计时码表

装配ETA2894自动上链机芯，夜光时、分、秒及时标，计时码表功能，46mm，钛金属表壳，碳纤维面盘，合成纤维表带或皮革表带，防水100米。

BERTOLUCCI

由瑞士制表业大师Remo Bertolucci 创立的品牌，最早是源于1911年设立的麦莫表厂，早期即以制造上链表和机械表机芯驰名。从2005年香港迪生集团Dickson-Concepts接手BERTOLUCCI的经营后，今年的表款洋溢慧心巧思、更加丰富。延续著名的鹅卵石腕表，Serena Garbo 超薄表壳以优雅的圆弧斜面，呈现舞娘的媚姿服贴手腕。缤纷的Ouni珠宝腕表使用华丽彩色刚玉和水晶镶嵌，表圈上错落有致的分布亮眼锥型宝石，宛如太阳光晕散发七彩光芒。沉静内敛的Voglia，运用大胆的黑、金对比，并在表圈上镶饰优质美钻，提升整体品位的洗练风格。

Serena Garbo

装配ETA 976.001石英机芯，时、分指示，珍珠母贝表面，不锈钢表壳，蓝宝石水晶镜面，牛皮表带，防水30米。

Ouni

装配ETA E01.701石英机芯，时、分指示，珍珠母贝表面，表圈镶彩色刚玉和水晶，玫瑰金表壳，蓝宝石水晶镜面，黑色绢质表带，防水30米。

Voglia

装配ETA 976.001石英机芯，时、分指示，18K黄金表壳镶优质美钻，蓝宝石水晶镜面，黑色绢质表带，防水30米。

宝诗龙 BOUCHERON

“做时间的主人”，这是至今已148年的法国珠宝品牌BOUCHERON低吟喃咏的名句。稳居精品顶端的BOUCHERON今年以椭圆(elliptical)连贯系列腕表，看见时间的圆融，以精炼线条成就心醉神迷的光阴之趣。身为法国凡登广场第一家开设的珠宝钟表精品店，BOUCHERON从立足凡登之初，就矢志未歇地持续投注灵动巧思于腕表细节。表盘中央的椭圆正是凡登广场的地形，若以指针为广场高柱中心，巧妙安排于一点钟方向的日期视窗，正标示着BOUCHERON精品店的准确位置，刚好与6点钟的门牌号码“26 PLACE VENDÔME”相呼应。大踏步前进，BOUCHERON以制作顶级珠宝的精湛工艺，诠释无限微妙的永恒时码。

Carrée

装配自动机芯，时、分、秒指示，玫瑰金表壳，白色中央椭圆放射波纹面盘，罗马数字时标，1点钟日期视窗，蓝宝石水晶镜面，鳄鱼皮表带，防水30米。

Beflet

装配石英机芯，时、分指示，玫瑰金表壳，白色中央椭圆放射波纹面盘，1点钟日期视窗，蓝宝石水晶镜面，黑色鳄鱼皮表带，防水30米。

Ronde

装配石英机芯，时、分指示，不锈钢表壳，白色面盘，罗马数字时标，1点钟日期视窗，蓝宝石水晶镜面，黑色鳄鱼皮表带，防水30米。

BOVET 播威

1822年，发迹于中国市场，BOVET以珐琅彩绘、金雕与复杂功能怀表，成为瑞士钟表在中国的开路先锋。

今日的BOVET腕表，撷取当年BOVET古董怀表之设计精神，复以独特的表冠位置与表耳形状，每年推出至多2,000只腕表，且大部分为限量版本，有些甚至是独一无二。种种元素的交集，让其成功挺进顶级品牌之列。2006年，BOVET持续地将擅长的传统制表工艺，发挥得淋漓尽致，强化品牌所坚持的“独特、唯一”之制表概念。而就复杂功能的展演，一款长达22日动力储存的全新陀飞轮腕表，就外型与功能都均见创意。

Fleurier 22 Day Tourbillon Retrograde Date GMT 22日链GMT逆跳日期陀飞轮腕表

在陀飞轮表款盛行的今日，BOVET以内外均见的独到设计，凸显Fleurier陀飞轮自动表的与众不同。以两个发条盒，赋予惊人的22日动力储存，于动力耗费极大的陀飞轮腕表中相当罕见，并在表底机芯中央，以玫瑰金或银制的动力储存指示盘显现出来。就外观而言，与时、分指示同轴的逆跳日期，位于陀飞轮下方的两地时间显示窗，加上独特的莲花形陀飞轮框架，展现前所未见的华丽外貌。

16BM01手上链陀飞轮机芯，逆跳日期，第二地时间显示（由3点钟位置滑簧控制），22日动力储存指示位于表背中央，珐琅表盘，玫瑰金或18K白金表壳直径44mm，蓝宝石水晶镜面与后底盖，防水30米。

Fleurier Perpetual Calendar Retrograde 逆跳日期万年历腕表

逆跳功能的趣味性，近来大行其道，这款万年历将日期以逆跳方式呈现，并与中央时、分指针同轴，将日期的重要性强调出来。星期与月份则以相对的视窗显示，位于12点钟位置的圆形小视窗，则一眼即可判读出闰年状态，6点钟位置的月相盈亏显示盘衬以蓝色椭圆，将万年历与天文美学作了最好的诠释，也为BOVET高深设计美学，做了最佳诠释。

11BA07自动机芯，55小时动力储存，逆跳日期，万年历，月相盈亏显示，珐琅表盘，玫瑰金或18K白金表壳直径42mm，蓝宝石水晶镜面与底盖，防水30米。

Fleurier Jumping Hours 珐琅彩绘中央跳时表

BOVET今年以珐琅彩绘与钻石镶嵌，增添其首创的中央跳时腕表的奢华质感。BOVET之前所推出的中央跳时表，其跳时显示窗别出心裁地位于表盘中央，分钟则由表盘外圈显示，不仅为表坛首见之创举，更结合宝石镶嵌、透明表盘或珐琅彩绘等工艺，诠释了艺术与机械工艺的紧密连结。今年的改款新作，以珍贵的珐琅彩绘诠释不同图案之美，并在表圈镶嵌顶级美钻，彰显中央跳时装置与分钟外圈运转之奥妙。

Cal.11BA07自动机芯，双发条盒，55个小时动力储存，中央跳时，旋转外圈分钟显示，珐琅彩绘表盘，玫瑰金或18K白金表壳，蓝宝石镜面与后底盖，防水30米。

BREGUET宝玑

BREGUET今年于BASELWORLD推出的一系列全新腕表，无论在传统价值、现代科技与美学设计上，皆以更上层楼的工艺展现制表名家的不凡身手。

今年表展中的talking piece，非Classique5347双陀飞轮腕表莫属。宝玑将两个独立运转的陀飞轮以微分轮耦合，将两组摆轮的平均振频传输至轮系进行报时，这个微分轮同时驱动上层机芯以360°运转，每12个小时旋转一圈，而连接两个陀飞轮的桥板同时亦为指针，随着时间的演变，陀飞轮在面盘上展演着自转与公转的炫目戏码，令人惊叹。此外，表背的精彩呈现同样不遑多让，宝玑施以巧夺天工之技将九大行星镌刻其上，透明底盖则可清晰窥见轮系的运转，整只腕表宛若天体的微缩，完美将工艺、创意与艺术融合。

延续去年大获好评的Tradition 7027腕表，宝玑今年不仅推出了18K白金版本，更推出全新的Tradition 7037自动上链腕表。7037仍旧保留了源自怀表机芯的浓郁古风，不同处在于内部装配自动上链机芯，并采用昔日自动怀表方能得见的盾型自动盘，更显经典。另外原本位于10点钟的动力储存指示，则置换为60秒逆跳装置。

此外旗下最受欢迎的运动系列Marine系列，则以全新的设计展现动感与美感。全系列以“黑”为基调，搭配玫瑰金或双色金（玫瑰金与白K金）材质，演绎出阳刚沉稳的大器风格，表壳与面盘雕花的细节呈现也更为利落。功能上则推出装配了大日历、双追针与陀飞轮功能的全系列表款，在实用与复杂功能间取得绝佳平衡。

而近年众家顶级表厂竞争激烈的材质研发战中，宝玑今年也推出以矽为材质的擒纵轮、摆轮及马仔，展现其不落人后的研发实力，并装置于591A自动机芯，可让机芯不受温度、磁场或脉冲的干扰，提高机芯稳定度。

Classique5347双陀飞轮腕表

装配手动上链机芯，时、分指示，双陀飞轮装置。面盘12小时旋转一圈。铂金表壳，蓝宝石水晶镜面及底盖。表背镌刻有九大行星浮雕，鳄鱼皮表带。

Tradition 7037自动上链腕表

装配自动上链机芯，时、分指示，10点钟60秒逆跳功能。18K金表壳，蓝宝石水晶镜面及底盖，鳄鱼皮表带，防水30米。

Marine 5387陀飞轮计时腕表

装配手动上链机芯，50小时动力储存。时、分、小秒针指示，计时功能，12点钟陀飞轮装置。玫瑰金表壳，蓝宝石水晶镜面及底盖，橡胶表带，防水100米。

那不勒斯8928BB女表

装配自动上链机芯，铂金自动盘，时、分指示。珍珠母贝面盘。面盘外圈、表圈、表冠及表耳镶有华丽美钻。18K白金表壳，蓝宝石水晶镜面及底盖，绢质表带搭配镶钻表扣，防水30米。

BREITLING 百年灵

1884年创始于瑞士汝拉山脉的BREITLING百年灵，最初主要为生产计时表与科学用途的精准计时器，随着日渐与航空业的紧密结合，百年灵在制表领域更是奠定了其精准专业的形象，并有“专业人士腕上仪表”之称。

BREITLING百年灵在其经典表款Chronomat推出的22周年之际，推出了Chronomat Evolution 2 Tone，以双色金呈现Chronomat Evolution不断进化的风格。较之前作更大、更醒目的外观，重新设计配置的表壳，以螺丝锁紧表冠、螺丝锁紧式的安全按钮与表壳融为一体，也使这款腕表更为坚固。而Chronomat Evolution坚持一贯“专业人士专用计时表”的自信，对于功能与稳定性自然有其坚持。而另一款，也被期许为专业飞行人士的专业腕表系列，也加入了新成员Airwolf多功能电子计时腕表，彰显了百年灵不仅在机械计时表领域拥有难以撼动之地位，也是电子计时表领域中的创始先锋，其将飞行员最常使用的闹铃、计时码表、倒数计时、两地时区、万年历功能等挹注其中，Airwolf确认了其高效能时计的本质所在。

满足了天空，百年灵也不忘陆地极限。百年灵与宾利汽车合作，所发展出Breitling for Bentley，今年再度推出全新力作，名为Flying B的跳时自动表，是Breitling for Bentley系列第一款方形表款，也是品牌第一款跳时功能的腕表。这款以拱形和长方形线条为基准的腕表，把宾利双座车的车顶与敞篷车的格调展现无遗。另一款Motors T，值得注意的是，是其一反传统计时码表的惯例。并非是60秒，而是“30秒计时器”，中央秒针每半分钟绕表盘一周，因此可以精确记秒至1/8秒。

Chronomat Evolution

装配百年灵13型自动上弦机芯，C.O.S.C.天文台认证，时、分、秒指示，日期显示，计时功能，精钢、双色、黄金、白金表壳选择，防水30米。

Flying B

装配Cal. 28B自动机芯，42小时动力储存，跳时显示，分针指示，独立小秒针，不锈钢表壳，蓝宝石水晶镜面，防水100米。

BENTLEY Motors T

装配百年灵25B型自动上弦机芯，C.O.S.C.瑞士官方天文台认证，时、分、秒指示，日期显示，计时功能，可精密计算至1/8秒。搭配可变测速计（环形滑尺）。不锈钢材质表壳。防水100米。玫瑰金款式限量500只。

Airwolf多功能电子计时腕表

装配SuperQuartzTM石英机芯，时、分指示，计时功能，闹铃，两地时区显示配以独立闹铃，万年历，不锈钢表壳直径43.5mm，蓝宝石水晶镜面，双向旋转表圈，不锈钢链带，防水50米。

BVLGARI 宝格丽

BVLGARI宝格丽创立于1884年，结合了精致工艺与优雅前卫的设计，以最严格的瑞士认证标准监制，所有的宝格丽表品皆由宝格丽集团位于瑞士的工厂精制。今年再次糅合时尚的万种风情，以匠心独具的表款见证历史。

品牌创始人Sotirio Bulgari

以珠宝起家而闻名于世的BVLGARI宝格丽，起源于希腊的爱彼罗斯(Epirus)区，品牌创始人Sotirio Bulgari出生于此，创造许多银制雕刻饰品，在1879年定居罗马，以独特的装饰设计走向未来的成功之路。而宝格丽与腕表的渊源，则需谈到在上世纪70年代推出的Bulgari · Bulgari系列腕表。这款系列腕表于1977年量产，命名灵感来自表圈上重覆铭刻的logo，在当时引起跟进风潮。2006年所推出的手动上链机芯款，证明品牌不只着重对高级珠宝的热爱，在运用机芯上也展示品牌的制表功力，以符合人体工学的设计，将表盘设计成弧形。牵一发动全身，表盘的弧形设计引起了连锁效应，指针和时标也跟着配合这个舒适的弧形设计，也因为宝格丽注重如此细微的细节，此系列腕表至今仍为品牌最畅销的表款。

于千禧年之际，宝格丽收购了瑞士高级复杂腕表品牌GÉRALD GENTA和DANIEL ROTH后，借由专做复杂功能腕表的表厂，共享技术且提升制作复杂功能腕表的实力，而今年所推出全球限量25只的Assioma Multi Complication与Assioma Petite Complication绝对是今年最亮眼的成绩单，前者结合了陀飞轮、万年历等复杂功能，展现出了宝格丽集团的精进。

当然宝格丽不忘回归最拿手的强项，以K金及钻石为主角，推出充满怀旧、复古风的Astrale腕表系列，以星体为设计概念，在表壳上以珠宝设计的镶嵌手法，搭配着闪亮、耀眼的钻石，借以暗喻夜空中的繁星。

Astrale 18K白金彩色宝石款

装配石英机芯，时、分指示，镶嵌有各色宝石，搭配绢质表带。

Bulgari · Bulgari 腕表

手上链FP机芯，玫瑰金表壳，时、分、秒指示，72小时动力储存指示，防水30米。

Assioma Multi Complication

BVL 416机芯，铂金弧形表壳，时、分指示，自动陀飞轮，万年历，GMT双时区，限量25只。

Assioma Petite Complication

BVL 261机芯，18K白金弧形表壳，时、分指示，逆跳指针，日夜指示及小秒盘，3种材质各限量99只。

CARTIER 卡地亚

恣意地游走在高级珠宝和专业腕表之间，CARTIER卡地亚总能以独具一格的眼光，配合走在时代潮流尖端的设计，让世人不断地惊呼："源源不绝的创意和灵感，到底从哪里冒出来的？"也许从今年推出的几个系列中，我们可以找到蛛丝马迹。

自品牌创立之后，CARTIER卡地亚不曾停止在珠宝和腕表设计这两个领域引起风潮，一举一动无不让名流或是皇亲为之着迷，让世人引颈期待他的风采。而CARTIER卡地亚珠宝和腕表的结合，更在上世纪30年代Jeanne Toussaint的领导下，发展出呼应当时装饰艺术风格的女性珠宝腕表。

今年品牌在珠宝表的表现，再次令人惊艳，譬如以墨西哥女明星María Félix为灵感的"La Doña de Cartier腕表"或是"Libre Collection珠宝表"，以更大胆的线条或造型，或甚至搭配极具特色的表带，为腕表凭添更多丰富的新表情。

María Félix为一知名墨西哥女明星，她独特的风格成为La Doña de Cartier系列的创作灵感，今年推出大、小两款La Doña腕表，共有白金、玫瑰金和黄金三种材质，各有镶钻、不镶钻款式。

CARTIER卡地亚的珠宝设计向来出色，掌握流行的趋势，以线条简单的设计，搭配美钻，创造出独特和流行风貌的腕表。今年CARTIER卡地亚的"Libre Collection珠宝表"推出"Tank Crash腕表"、"Baignoire Crash腕表"和"Calisson de Cartier腕表"。经典表款则有"Santos 100中型白金腕表"、"Santos Mytérieuse"和Louis Cartier圆形大款玫瑰金腕表"。

"卡地亚巴黎独特珍藏系列"再次汇集品牌各系列著名表款，重现传统艺术风格，结合"Tank系列"、"Tortue系列"和"Rotonde de Cartier系列"的腕表，以古典风格的外观、简约的设计和华美的机芯重现表厂传统艺术风格。在新世纪推出5款新表："Tank Louis Cartier夜游腕表"、"Tank Asymétrique斜向坦克腕表"、"Tortue超大款龟形上升陀飞轮腕表"、"Rotonde de Cartier昼夜腕表"和"Rotonde de Cartier大型日期腕表"，将品牌于上世纪的杰出表现再做一次整合。

而以手工打造的"珍木微雕珐琅表"，运用传统的珐琅彩绘、生漆、珍木微雕、镌刻装饰和镶嵌，以独家的"景泰蓝式珐琅"和"珍木微雕"，结合"Santos 100腕表"、"Pasha de Cartier 32mm腕表"、"Pasha de Cartier 42mm腕表"和"Tortue大型腕表"系列，在表盘上呈现乌龟、雄鹰、熊猫和蛇的图案。今年CARTIER卡地亚延续着传统，并印证品牌精湛的制表工艺，在新纪元保持其经典又完美的形象。

La Doña de Cartier

卡地亚全新系列La Doña de Cartier于2006年8月底上市，包含腕表、珠宝及配件，精湛的腕表系列首先上市，珠宝及配件也陆续推出。

María Félix是一个墨西哥女明星，她个性鲜明、风格独特，尤其豪爽且气宇轩昂的性格，成为La Doña de Cartier系列的灵魂人物。因为María Félix，CARTIER卡地亚制作有史以来最大的动物图案珠宝——鳄鱼项链。野兽的线条慑人心魄，头、尾、关节活动的爪和栩栩如生的双眼，令María Félix极为热爱，充分展现她爱好自由的个性和优雅。

延续着动人的故事，今年卡地亚推出全新La Doña de Cartier系列，是由18K黄金、白金及玫瑰金三种不同金属所精细打造，且有镶钻的奢华版本。由鳄鱼鳞纹延伸而来的La Doña de Cartier腕表系列首先问世，不对称的梯形表盘设计和反转半月金质链带，在简洁大胆的线条中，同样直展现卡地亚一贯的华丽质感。

为迎接La Doña de Cartier系列的问世，以及卡地亚对于María Félix在电影业贡献的礼赞，卡地亚以片场的概念，将María Félix毕生光芒耀眼的银幕生涯、充满野性的优雅，重现在每个表迷眼前。

大型款La Doña腕表

卡地亚690型石英机芯，18K黄金、玫瑰金、白金表壳，时、分指示，表冠镶嵌多面切割蓝宝石，放射波纹装饰银色表盘，蓝宝石水晶镜面。（另有表框镶钻款式）

CARTIER 卡地亚

Jewelry Watches 珠宝表

CARTIER卡地亚的珠宝设计无人能敌，品牌的珠宝腕表总能掌握流行的脉搏，以简单的几何图形勾勒出另类美学，设计出独特、具流行风貌的腕表。经过150年，品牌仍是充满想像、前卫的设计师，将独特的眼光融进自成一格的设计，不仅走在时尚尖端，还可走向未来。

Santos 100中型白金腕表

自动机芯，时、分、秒指示，18K白金表壳及可调式折叠表扣，镶嵌圆钻，珍珠母贝粉红色鳄鱼皮表带。

Santos Mystérieuse

CARTIER独家制造手动上链机械机芯，每小时振频21,600次，动力储存38小时，时、分指示，镀钯表壳，镶嵌圆钻，银色猫眼石表盘，黑色鳄鱼皮表带。

Louis Cartier
圆形大款玫瑰金腕表

手动上链机械机芯，时、分指示，18K玫瑰金表壳，镶嵌圆钻，银色雕纹表盘，深栗色鳄鱼皮表带，搭配18K玫瑰金可调式折叠表扣。

Calisson de Cartier腕表

石英机芯，时、分指示，18K白金表壳，镶嵌圆钻，银色太阳饰纹半透明彩漆表盘，酒红色雾面织物表带，搭配镶嵌圆钻的18K白金针扣。

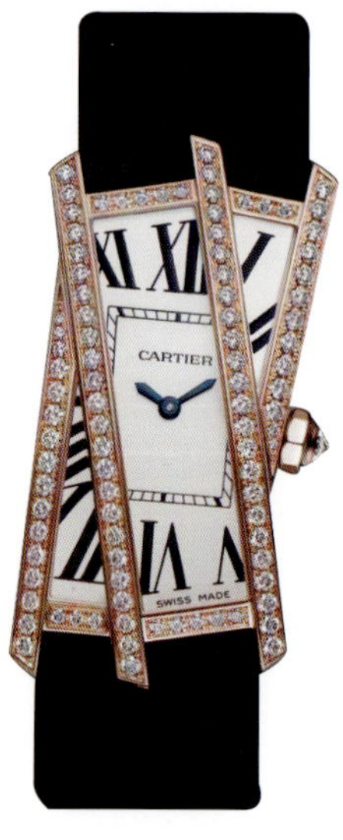

Tank Crash腕表

石英机芯，时、分指示，18K玫瑰金表壳，镶嵌圆钻，银色雕纹表盘，黑色雾面织纹皮表带，搭配镶嵌圆钻的18K玫瑰金针扣。

Baignoire Crash腕表

石英机芯，时、分指示，18K白金表壳，镶嵌圆钻，银色太阳饰纹半透明彩漆表盘，黑色雾面织纹皮表带，搭配镶嵌圆钻的18K白金针扣，0.4克拉梨形切割钻石，G.I.A.认证。

Collection Privée Cartier Paris 卡地亚巴黎独特珍藏系列

“卡地亚巴黎独特珍藏系列”汇集CARTIER卡地亚各系列著名表款，古典风格的外观、简约的设计和华美的机芯重现表厂传统艺术风格，为CARTIER卡地亚在20世纪的表现做总结。此系列腕表的特色如下：“机芯皆手工组装，抛光处理，表桥饰以双C标志和日内瓦饰纹，搭配C字型平衡摆轮调节器，抛光18K金表盘作银色花瓣形雕纹处理，在K金上加镀白银，标以Cartier Paris字样或饰以放射性波纹，轨道分刻或罗马数字时刻，鳄鱼皮表带，以到作马鞍的收边技术(即传统手工缝制边线针脚)，和可调式折叠表扣”。

Rotonde de Cartier昼夜腕表

卡地亚9903 MC型手上链机芯，18K白金表壳，日、夜小时指示，分针回跳，蓝宝石水晶镜面及透明表背。

Tortue超大款龟形逆跳陀飞轮腕表

卡地亚9450 MC型手上链机芯，铂金表壳，时、分逆跳指示，陀飞轮功能，矿石水晶镜面，蓝宝石水晶透明表背，限量50只。

Tank Louis CARTIER夜游腕表

卡地亚9711 MC型手上链机芯，铂金表壳，时、分指示，矿石水晶镜面，蓝宝石水晶透明后底盖，限量1只。

Tank Asymetrique
斜向坦克腕表

卡地亚9770 MC型手上链机芯，时、分指示，限量150只。

Rotonde de CARTIER
大型日期腕表

卡地亚9602 MC型手上链机芯，18K白金表壳，中央时、分针，小秒盘，日期显示，蓝宝石水晶镜面及后底盖。

CARTIER 卡地亚

Enamel and Marquetry Collection 珍木微雕珐琅表

CARTIER卡地亚运用传统的珐琅彩绘、生漆、珍木微雕、镌刻装饰和镶嵌，以手工打造“珍木微雕珐琅表”。“景泰蓝式珐琅”采用金丝线勾勒轮廓，内部填充为矽石、石英和硼砂等易溶粉末，在加入近100种金属氧化物染料成分后，经840度高温烧制，需众多工序和多次烧制才有完美的成果。而“珍木微雕”加工程序复杂，结合多种名贵木材，根据木质、颜色、纹理和结构将其运用到珠宝制作。CARTIER卡地亚的珐琅制作今年首次搭配珍木微雕，推出“珍木微雕珐琅表”，印证品牌精湛的制表工艺。

图案设计制约着“珍木微雕”的选材，除了木质本身的颜色，纹理方向和结构都是要素，尤其纹理是连接图案变化主要因素，如龟形图案Tortue大型腕表表盘采用镂空细木制作，搭配四种珍贵木质、珊瑚和虎眼石材质打造的真正彩色珍木微雕，丰富了高级珠宝的内涵。

此系列的每个表盘都非常独特，需要30多道工序和百余小时才能制作完成，每一只表都印证了CARTIER卡地亚精湛的技艺。让每只绘有彩色动物图案的腕表，如乌龟、雄鹰、蛇和熊猫，皆栩栩如生地在表盘上看着时间流逝。

Santos 100 腕表

Eagle

自动上链机芯，18K黄金表壳，镶嵌圆钻，海军蓝色鳄鱼皮表带，18K黄金可调节式折叠表扣，限量20只，刻有序号，雄鹰图案。

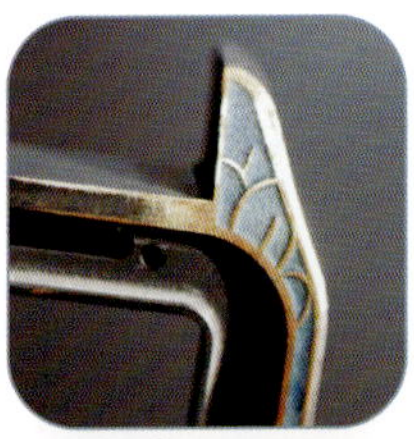

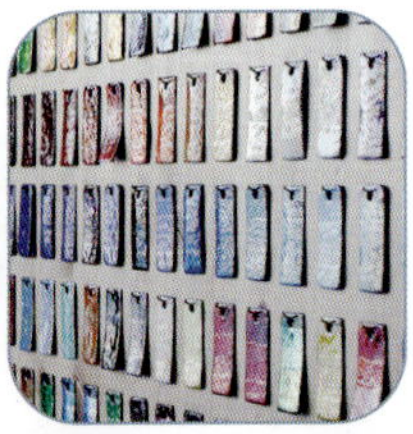

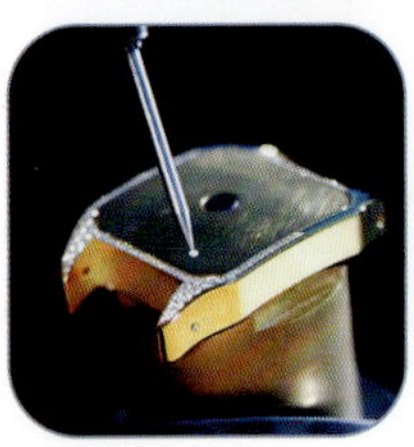

CARTIER卡地亚的珠宝工坊里，工匠运用传统的珐琅、生漆、珍木微雕、镌刻装饰或镶嵌技艺，以手工制造腕表艺术品。

Tortue大型腕表

Tortue

手动上链机芯，18K黄金表壳，栗色鳄鱼皮表带，18K黄金可调节式折叠表扣，限量25只，刻有序号，乌龟图案。

Pasha de CARTIER 42mm腕表

Serpent

自动上链机芯，18K黄金表盘和表壳，海军蓝色鳄鱼皮表带，18K黄金可调节式折叠表扣，限量20只，刻有序号，蛇形图案。

Pasha de CARTIER 32mm腕表

Panda

石英机芯，18K白金表盘和表壳，镶嵌圆钻，鳄鱼皮表带，18K白金可调节式折叠表扣，限量15只，刻有序号，熊猫图案。

C.F.BUCHERER 宝齐莱

Manero Retrograde为CARL F. BUCHERER新产品线Manero中第一只问世的款式，结合典雅及功能性，以魄力和创意作为符号，3点钟的扇形日期指示由上至下运作，此逆跳功能在小于31天的月份以手动调校，9点钟的星期指示除了功能性，更添美观，两地时间使佩戴者悠游国际间。而Alacria Diva Steel表款满载柔美线条，首次以浮刻方式装饰表带，以重复性视觉的概念延续面盘时标设计，凸显面盘与皮带上的图像元素，以神秘的黑色面貌诠释Diva风格，结合自我风格与优雅，传达制表技术与工艺结合后的巧思。

Manero Retrograde

装配自动上链机芯，Cal. CFB 1903，动力储存42小时指示，两地时间，星期、日期指示，不锈钢表壳，蓝宝石水晶镜面，旋入式透明后底盖，路易斯安那鳄鱼皮表带，防水30米。

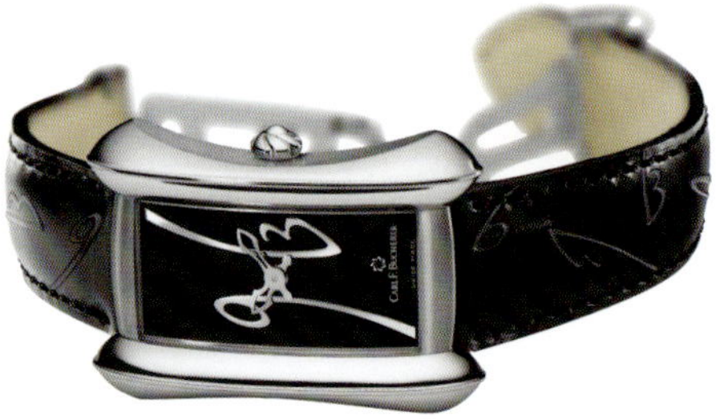

雅丽嘉Diva不锈钢表款

装配石英机芯，时、分指示，不锈钢表壳，圆弧式抗折射蓝宝石水晶镜面，小牛皮表带，折叠式表扣，防水30米。

世纪表 CENTURY

以宝石切割镜面闻名的CENTURY，今年有不同以往的精彩佳作，缤纷耀眼的Leela系列腕表，有满天星钻石表盘搭配玫瑰车工的彩色刚玉镶于表圈，并有13颗1克拉的水滴型刚玉圈在表带上，摇曳晃动的美感，呈现出鲜艳华丽的巴洛克风。Primet Time Egos Automatic腕表则是以充满感召力的几何钻石表盘，搭配盾形表耳和12边形表圈媚惑世人眼光。都市感十足的Ellipse，以光亮的弧形表面和接续至表带上的7排钻石栏栅，抢攻时尚女性市场。

Primet Time Egos Automatic

装配石英机芯，时、分指示，梯钻时标，6点钟小秒盘，日期视窗，不锈钢表壳，表盘和表耳共镶250颗0.75克拉钻石，蓝宝石镜面，黑色鳄鱼皮表带。

Ellipse

装配石英机芯，时、分指示，钯表盘，不锈钢表壳，蓝宝石双表冠，两边表盘和表耳共镶294颗0.73克拉钻石，蓝宝石镜面，千环钢表链。

Leela

装配石英机芯，时、分指示，18K黄金表壳，表盘和表圈共镶215颗 1.24克拉钻石，蓝宝石镜面，18K黄金表链。

CHANEL 香奈儿

今年是CHANEL结合腕表与高级珠宝的奢华年份，2006推出的J12 Editions Limitées，光是珠宝工坊的师傅执行表圈切割梯钻的工序，就需全神贯注地花费1,400小时，得要耗时半年光阴，制表过程则需花费一整年时间。Editions Limitées攀向J12系列巅峰，不仅以梯钻礼赞分秒递嬗，最明显的异质性是大量使用陶瓷素材。嵌于表带的黑色与白色陶瓷，也以纯粹之姿出现在时标上，这些尊贵的计时器，分别以梯钻、粉红刚玉、红宝石和陶瓷，共同表现33mm及38mm两种曼妙旋律。

山茶花是Co Co女士永远的唯美象征，自2004年发表至今的Camelia山茶花腕表，是融合高级珠宝工艺与腕表的极致典范。于1990年发表的珍珠链表Mademoiselle，今年将表盘铺上璀璨美钻，让串珠与钻石相映成辉，表现出丝缎般的光泽和摆荡律动的曲线之美。

Mademoiselle

装配石英机芯，时、分指示，18K白金表壳，表盘镶168颗钻石，五排日本养珠表带。

Camelia

装配石英机芯，时、分指示，4颗蓝宝石时标，珍珠母贝表面，18K白金表壳，花瓣表圈镶99颗蓝宝石和68颗钻石，蓝色绢质表带。

J12 Haute Joaillerie

装配石英机芯，时、分、秒指示，18K白金表壳，表盘、表圈及表带共镶605颗梯钻约33克拉，蓝宝石水晶镜面，18K白金表带中镶嵌黑色陶瓷及梯钻，全球限量5只。

萧邦 CHOPARD

L.U.C. Tech Regulateur

装配L.U.C. 4RT手上弦机芯，瑞士官方天文台认证，偏心式小时指示，分钟指示与小秒针，第二时区指示，8日动力储存指示，不锈钢表壳，蓝宝石水晶镜面与底盖，鳄鱼皮表带。限量250只。

Mille Miglia Jacky Ickx Edition 4

装配Dubois-Depraz 44560自动上弦机芯，动力储存40小时，时、分、秒指示，24小时计时器，飞返计时功能，日期视窗，螺旋锁定式按钮与表冠，蓝宝石水晶镜面，鳄鱼皮表带，防水50米，限量1,000只。

自1996年发表首枚自制机芯后，CHOPARD萧邦的制表实力即备受肯定，今年推出多款全新男性机械腕表，宣示其制表的研发能力持续大步迈进。装配萧邦自制机芯的L.U.C.系列，今年大举推出四款新表，其中在2004年推出即获得年度最佳腕表的L.U.C. Quattro Regulateur，今年利用不锈钢材质取代玫瑰金；新增的镂空表盘与机板饰纹，凸显L.U.C. Tech Regulateur精湛的面盘排列与优异机芯。

饶富阳刚运动风潮的Mille Miglia系列，今年以三款截然不同功能的计时码表，再次凸显其起源于Mille Miglia赛车盛事的优良血统，Mille Miglia Jacky Ickx Edition 4飞返计时码表，其飞返计时功能长达24小时，印证了Mille Miglia强悍的本质所在。

CHRONOSWISS 瑞宝

Timemaster中央日期指针计时码表不论在腕表尺寸或是视觉上带来的震撼都是无与伦比的，其精妙布局让人精准无误的阅读时间，计时功能提供到四分之一秒的计时，达十二小时之长，所有的计时数据皆不需透过放大镜，表盘的设计清晰、准确，七根指针的大小都是为了表面比例、和谐而存在，选用享负33年盛名的ETA7750自动上链机芯，成就这只绝妙的Timemaster中央日期指针计时码表。全新推出的CHRONOSWISS万年历是装配自制机芯Cal. 127，精准地驱动着50个零件左右所建构的万年历组件，以条理来审视钟表制作传统，剖析指针长度、比例、表盘设计、及表壳的敏锐触感与精湛技巧。

Timemaster Chronograph Date

装配CHRONOSWISS自动上链机芯Cal. 754（基础机芯ETA7750），动力储存约46小时，每小时振频28,800次，时、分、秒指示，中央秒针计时、30分计时与12小时计时，中置式日期指针，因加百禄（Incabloc）避震器，Glycydur三臂摆轮，偏心式调节器，不锈钢表壳，蓝宝石水晶镜面及透明底盖，Walknappa防水表带，防水100米。

Perpetual Calendar

装配CHRONOSWISS自动上链机芯Cal. 127，动力储存40小时，大三针，指针式日期、星期、月份与闰年面盘显示，四年一闰的48个月指示盘，蓝宝石水晶镜面，防水30米。

CK

向来以设计感著称的CK Watch，推出全新Calvin Klein Jeans系列，以CKJ Boundary边界表款，宣扬帅气休闲风格。从现今当红的平面电视萤幕为灵感，宽大的表面搭配上皮革表带，像是系于牛仔裤头的宽版皮带，不禁令人联想起电影里的牛仔扮相，既豪迈又斯文。

在当今时尚腕表界正热衷奢华繁复的设计风潮中，CK全新的女性腕表——CK Simplicity 原色系列，以反璞归真的姿态，展现清新脱俗的优雅风格。原色即是要表现最原始纯净的简约之美，在低调中展现精致细腻，CK Simplicity原色系列共有三款样式：宝石蓝款、怀旧黑款及灿金款，是任何场合佩戴皆宜的经典样式，使女性自然流露从容气度。

CK Simplicity

装配瑞士ETA石英机芯，时、分指示，不锈钢表壳，蓝宝石水晶镜面，蓝色皮革表带，防水30米。

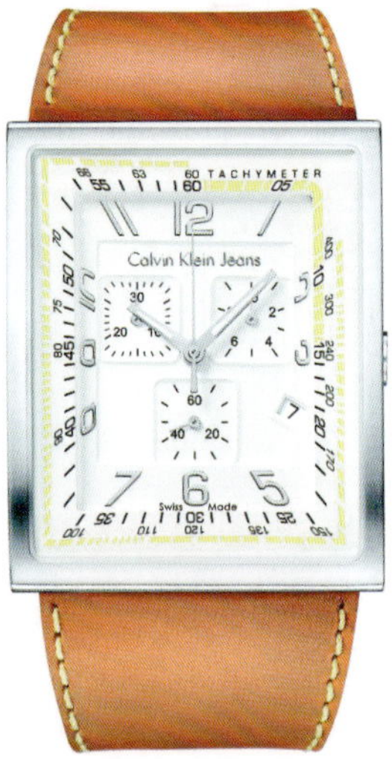

CKJ Boundary

装配瑞士ETA石英机芯，时、分、秒指示，计时功能，不锈钢表壳，矿石玻璃镜面，骆驼色皮革表带，防水30米。

COACH

COACH流行腕表今年以缤纷的色彩、孩童的涂鸦和鸡尾酒杯为灵感，推出多款充满活力的时尚表情。Cocktail Watch可说是一款手镯表，精细光滑的表环就像女孩子最爱的首饰，表盘以四个类似宝石镶爪的金属角托住，远看彷佛是将大宝石戒指放大戴在手腕上，非常具有个人风格。Cocktail Watch的表面排列着双C Logo，经立体表镜折射，就好像鸡尾酒杯中浮起高高低低的气泡。既有手环，COACH也要满足喜爱Charms的女子，新出炉的Studio Charms撷取COACH的经典元素，红心、皮包、星星、锁头，这股叮叮当当的魅力让人难以忽视。

Cocktail Watch

装配瑞士石英机芯，时、分指示，镀金不锈钢表壳，银色Logo面盘，金、银两色不锈钢表镯，防水30米。

Studio Charms

装配瑞士石英机芯，时、分指示，不锈钢表壳，银色涂鸦面盘，表带为不锈钢链带搭配多彩吊饰，防水30米。

昆仑表 CORUM

Admiral's Cup Competition 48
海军上将48钛金属超大腕表

装配8235自动机芯，C.O.S.C.瑞士官方天文台认证。时、分、秒指示，日期、星期显示，钛金属表壳，蓝宝石水晶玻璃镜面与后底盖。防水300米。

Classical Garden Bird
园中鸟微缩彩绘经典系列腕表

装配CO-982自动机芯，时、分、秒指示，有18K黄金，玫瑰金或白金表壳，镶饰105颗美钻。微缩彩绘珍珠母贝面盘，限量编号手工书绘于面盘上。手工缝边鳄鱼皮表带，限量50只。

昆仑的腕表在艺术表现上一向令人惊艳，今年所推出的园中鸟Classical Garden Bird微缩彩绘腕表便是一例。微缩彩绘在绘制时，需用极细的画笔在放大镜下一笔一笔勾勒。同时每完成一层就必须以高达90°C高温烘烤，让颜色固定并展现出色彩细致的深度。表盘随图案复杂程度，需要工时也不同，园中鸟即需要29小时方能完成。

而昆仑的大招牌“海军上将”，今年也更大了！推出48mm超大尺寸的海军上将48钛金属超大腕表（Admiral's Cup Competition 48）。充满科技感的钛金属表壳，表冠部分以橡胶护肩保护，不只操作上更为轻巧，辅以八颗螺丝固定的后底盖，确保其防水达300米。

CONCORD 君皇表

向来追求设计的热诚和细节的执着，用以表现对工艺和制造过程的努力不懈，Delirium实现了追求完美的理想，在1979年推出之后，CONCORD率先完成超薄的瑞士石英机芯技术，独特的碟形表盘，凹陷的圆形中心，令人趋之若鹜。2006年Delirium Skeleton Reserve de Marche限量版反映了时尚及优雅，向原有的设计致敬，采用碟形表盘、长方形表壳和超薄的边缘，配上隐藏式表冠，让设计感十分流畅。The Concord Mariner是款简约美丽的复杂表，结合运动型腕表的功能和时装腕表的精巧，以CONCORD的精堪工艺和独特设计展现在磨砂的表面和打磨技术，简约利落的表盘，12边形表圈已成为重要的设计细节，迷人风采十足。

The Concord Mariner

装配石英机芯，珊瑚石表盘，银色指针，不锈钢表壳，蓝宝石水晶镜面，珍珠鱼皮表带，防水30米。

Delirium Skeleton Reserve de Marche

装配手上链机芯，动力储存39小时，镂空表盘，2点钟动力储存显示，6点钟日历副表盘，玫瑰金表壳，蓝宝石水晶镜面及底盖，鳄鱼皮表带，防水30米。

西马表 CYMA

西马表今年推出三款阳刚大器的计时码表，编号02-0390-001计时码表强调简约美感的线条，典雅的复古造型，可随时掌握准确时间。另一款编号02-00384-001计时码表，黑色表面上缀有钉状立体图案，巧妙地衬托由小至大排列的宽阔罗马数字，偌大日期显示窗以金属饰板镶嵌，豪迈刚劲的力道不胫而走。而编号02-0380-001计时码表的面盘配置则是简洁大方，从6时位的计时盘起，即有一圈圈漩涡般的图纹装饰，让男人味的计时腕表更添时尚感。

02-0390-001

石英机芯，大日期视窗，中央星期视窗，计时功能，不锈钢材质，不锈钢链带。

02-00384-001

石英机芯，大日期视窗，计时功能，不锈钢材质，不锈钢链带。

02-0380-001

石英机芯，大日期视窗，计时功能，不锈钢材质，不锈钢链带。

CREDOR 贵朵表

CREDOR取自法文"CRET D'OR"原意为"黄金之顶"，并以皇冠作为品牌标志，置于皇冠顶上的三颗闪耀星星则分别意喻贵朵精湛纯熟的制表技艺、坚持追求完美与严选质材，而这三个特点也正是贵朵的制表精神。

呈现日本之美的贵朵表于2006年BASEL钟表展上，正式推出第一只装配Spring Drive机芯的Spring Drive Sonnerie自鸣表款，再次展现了其顶级的制表技艺与极佳的美学深度，更是赢得了众人惊羡的目光。放眼国际，能制作问表的表厂已属少见，而能自制自鸣问表的表厂就更是少之又少了，此款腕表以东方钟响的基调，颠覆钟表界长久以来的声音印象，彻底消弭掉瑞士长久以来无法克服的杂音问题，令自鸣表的声音更为完美纯粹。Spring Drive Sonnerie的推出除了展现贵朵卓越的制表成就以外，更是明白昭示SEIKO集团已达顶级水准的专业制表技艺。

Spring Drive Sonnerie 自鸣表款

历经3年多研发制造的Spring Drive Sonnerie自鸣表款，其音色创意来自于浓厚东方色彩的大罄钟声，不同于西方较高、较快且清脆的报时声响，贵朵将报时的声音以更为低沉稳重的方式呈现，声音较大、音频较低且余音持久，如同佛堂敲罄的声响充满祥和且富禅意。

同时，为了避免敲击时会有其他杂音，贵朵以空气动力学为基础设计了调整速度装置，当报时音槌敲击时，会牵动中央两片装有迷你弹簧的扇叶旋转，空气的力量会使迷你弹片自然张开拉长以控制音槌的敲击频率，并解决杂音问题，使腕表的报时音色更加厚实沉稳与纯粹。共有三种自动报时系统设定，可分别为每小时自动报时（Sonnerie）、三点、六点、九点与十二点每隔三小时报时（Original）或静音设定（Silent），皆可经由表冠设定。

而表款的设计以其诞生处所在地长野县"the Micro Artist Studio"塩尻市市花——桔梗为创意，借由细腻的雕工镂刻出生动的花形于发条盒外部，面盘设计如云飘动，似水涓流，又好似落花飘落水面，借以传达时光的缓缓流泻，将时间诠释得具体且华美而又寓意深远。此款腕表共有超过600个零件并以纯手工打造而成，全球每年限量5只，更显弥足珍贵。

十点钟为走时能量显示，可储存动力48小时。

二点钟为报时能量显示，可储存动力40小时。

六点钟为报时模式，共有三种选择。

Spring Drive Sonnerie自鸣表款

装配Spring Drive 7R06手上链机芯，时、分、秒指示，问表与自鸣功能，48小时动力储存，40小时报时动力储存，玫瑰金材质，鳄鱼皮表带。全球每年限量5只。

DEWITT

于1999年由拿破仑第五代Mr. Jérôme de Witt所创立的DEWITT，绝对是制表业新一代的佼佼者，以齿轮图腾为设计元素，珍贵金属为材质，超复杂功能实力为骄傲，创立新机芯机制为根本的品牌昂然而立，一跃成为新世代的顶级品牌。

继2005年推出获得“日内瓦钟表大奖技术革新”奖项的DEWITT专利上弦系统，2006年DEWITT乘胜追击地再度发表突破性的能量调节系统，装置于新发表的Academia Force Constant Tourbillon表款之中。本身是位完美主义者的品牌创始人Mr. Jérôme de Witt将陀飞轮的艺术发挥到极致，新推出的Force constant device能量持续推进装置，在传统机芯里再加入一个加强频率稳定的机制，用意在将原本容易失调的机动力转换成安稳的持续推进的力道。在Mr. Jérôme de Witt的主导下，DEWITT的钟表师父在驱动力(发条盒)跟调节器(陀飞轮)中间，加入一个可以自动调整能量输出稳定度的“能源转换器”，此装置每一秒钟就会吸收发条盒所制造出来的力道，每十秒钟再将其分散至陀飞轮结构，因此每分钟可完成六次的稳定能量传输。为了保证机芯运转时的稳定与安全性，并多加了在传统机芯上所没有的齿轮，这三枚齿轮彼此紧密地跟其他两个齿轮互动，维持稳定的能量传输速率。

另外具有日内瓦印记的Academia Quantieme Perpetuel Sport，以kevlar与碳纤维表盘赋予原本万年历自动表全新的运动格调。以去年发表的Academia Differential Tourbillon为基础，DEWITT今年再加入品牌傲人的珠宝镶嵌技术，利用不同色泽的珠宝镶嵌其上，推出散发奢华珠宝光辉的Academia Differential Rainbow Spirit Tourbillon。

左上方的装置为DEWITT全新开发的Force constant device持续推进装置。

Academia Differential Rainbow Spirit Tourbillon

装配自制DW 8002手上链机芯，时、分指示，陀飞轮装置，动力储存指示，钛金属、玫瑰金和橡胶表壳，表壳镶嵌彩色宝石，蓝宝石水晶镜面与底盖，橡胶表带搭配钛金属表扣，防水30米。全球限量25只。

Academia Force Constant Tourbillon

装配自制DW 8003手上链陀飞轮机芯，时、分指示，持续推进装置，铂金表壳，鳄鱼皮表带搭配铂金表扣，防水30米。全球限量25只。

Academia Quantieme Perpetuel Sport

装配DW7002自动机芯，时、分指示，月相显示，万年历功能，星期与日期逆跳指示，面盘中央为黑色碳纤维，外围为具放射状饰纹的金属表盘，钛金属、玫瑰金和橡胶表壳，蓝宝石水晶镜面与底盖，橡胶表带搭配钛金属折叠式表扣，防水30米。全球限量50只。

Academia Quantieme Perpetuel Sport

装配DW7002自动机芯，时、分指示，月相显示，万年历功能，星期与日期逆跳指示，黄色kevlar纤维与黑色碳纤维面盘，钛金属、18K白金和橡胶表壳，蓝宝石水晶镜面与底盖，橡胶表带搭配钛金属折叠式表扣，防水30米。全球限量50只。

DANIEL ROTH

今年，DANIEL ROTH所推出的全新的Athys II，装配的古典机械的超薄怀表机芯FP151。9点位置的秒针，是直接延伸自主齿轮组，不像一般间接秒针，运作或准度会受到其他齿轮影响。纯白表盘上，三针式秒针的设计，显得明晰与特别。而表壳中心与表底盖由一块原料刻成并打磨抛光，手工焊接表耳至中心处，不仅凸显摺角，也维护了摺棱的美感。

今年另一款力作则是Instantaneous Perpetual Calendar，同样集工艺、设计于一身，与表壳同色的机芯，前面是有旭日形的扭索图纹，背面则有日内瓦波纹。镂空的表壳可以一窥机芯原貌。不同于一般万年历表款渐进式的日期指示，这款腕表会在零时零分瞬间转换日期。

Athys II

装配DR 206手上链机芯（基础机芯为FP151怀表机芯），时、分、小秒指示，43小时动力储存。有白金与玫瑰金两种材质表壳选择，防水30米。

Instantaneous Perpetual Calendar

装配DR114 自动上链机芯，时、分指示，万年历功能。有白金、铂金与玫瑰金三种材质表壳选择。

杜彼萧登 DUBEY & SCHALDENBRAND

创立于1946年的杜彼萧登，今年适逢建厂60周年纪念，特别针对旗下六大系列推出纪念表款，分别为：Duo Sixty、Datc Sixty、Aerochrono Sixty、Astro Sxty、Aquadyn Sixty与Spiral Sixty，Sixty。除了代表60周年外，更代表不锈钢材质每款全球限量60只的珍贵价值，另外亦提供每款全球限量10只的玫瑰金材质予表迷珍藏，并附有可完整收藏6只纪念款的手工打造限量纪念珍藏木盒，别具意义的纪念套组堪称是呈现给表迷的最佳献礼。

而另一个作为欢度周年的庆贺之作，则是推出了Spiral-Verso VIP翻转腕表。Spiral-Verso VIP表壳具有双面翻转功能，腕表正面不仅装配杜彼萧登最脍炙人口的回卷游丝弹簧设计，并具有月相、24小指示、计时码表及星期、日期功能，此外只要轻压上方表耳即可将腕表翻转，一窥表背内精雕细琢的手刻机芯装饰，完整体现杜彼萧登60年来的制表工艺精粹。

Spiral-Verso VIP翻转腕表

装配自动上链机芯，动力储存48小时，时、分、秒指示，计时功能，月份、星期显示，日期与24小时指示，不锈钢表壳，珍珠鱼皮表带，防水30米。

EBERHARD & Co. 依百克

过去曾以八日链动力储存和Chrono 4倍受瞩目的EBERHARD & Co.，今年化身为潜水迷的好伙伴，高达500米的防水深度使人眼睛为之一亮。这款名为Scafodat的潜水表，非常顺理成章地拥有强力排氦阀门为后盾，当潜水者在变换深度时，表壳内部气压大于表壳外时，气体会自左侧阀门顶出。采用厚达3mm的防眩蓝宝石水晶玻璃表镜，可以平衡及承受水中的强大压力，以保证腕表在水底不受水压影响，而位于4点钟方向的按把，可用60进位来计算潜水时间，提醒潜水者。

此表已通过一项专利认证，即是实用的加长型表扣，这项贴心设计可让潜水迷将Scafodat佩戴于潜水衣外面。EBERHARD & Co.采取将腕表与海洋融为一体的概念，表背有一只1958年原始设计者所绘的海马标志。这只功能强劲的腕表，让潜水迷在尽情享受绮幻水世界时，也能自在冒险且兼顾安全。

Scafodat

装配手上链机芯，时、分指示，计时功能，3点钟日期视窗，不锈钢表壳，黑色表盘，蓝宝石水晶镜面，不锈钢链带，防水500米。

玉宝表 EBEL

EBEL玉宝表由Eugene Blum于1911年成立，向来擅长珠宝表，尤以珊瑚镶嵌闻名，今年则以巴西为主题推出全新系列Brasilia腕表，在长方形表壳上，以圆润的线条展现了热情如火的巴西风情，系列名称象征自由、庆祝和热情，令人联想到南美洲的大地、色彩缤纷的嘉年华和热舞的桑巴女郎，传递着如火的讯息，令人难挡。

而自动男表则是大异其趣，维持基本的设计概念，此表则以不锈钢表壳带出男性粗犷的特质，鳄鱼皮表带则和仕女腕表相较，显得随性、大方许多。另一款搭载EBEL自制机芯的1911万年历计时码表，命名源自公司创立年份1911年，此复杂功能腕表保有品牌追求极致的精神，重现此系列腕表的结构美学，维持流线的造型，尽管具有计时码表和万年历功能，外观仍充满运动风，借此宣示EBEL能静能动的制表功力。

Brasilia仕女腕表

石英机芯，时、分指示，珍珠母贝表盘，不锈钢表壳镶嵌0.544克拉钻石，蓝宝石水晶镜面，不锈钢链带，防水50米。另有18K黄金表壳。

1911 BTR万年历计时腕表

自动机芯，时、分与小秒针指示，计时功能，C.O.S.C.认证，万年历功能，玫瑰金或不锈钢表壳，蓝宝石水晶镜面与底盖，鳄鱼皮表带，全球限量20只。防水100米。

1911 BTR计时腕表

自动机芯，C.O.S.C.认证，时、分与小秒针指示，计时功能，日期显示。不锈钢表壳，蓝宝石水晶镜面，鳄鱼皮表带。防水100米。

EDOX 伊度表

来自瑞士钟表发源地的品牌EDOX伊度表，坚持着力道、技术和精准制造钟表，并以工艺、制表精神和钟表本质延续着品牌的传统，继续专注于钟表制造的展望。今年推出的Spirit of Norway和全镂空手工雕花自动机械5分报时问表再次展现伊度表不断突破、不断超越自己的制表精神。

与来自挪威的赛船团队Spirit of Norway合作所推出的EDOX Spirit of Norway—Limited Edition腕表，全球限量400只。秉持对精准和坚固的要求，日期校正功能可在不改变或停止手表的状态下进行，自动氦气阀确保手表在高压环境下，减压系统能让气体从表中溢出。带浮雕指示的碳纤维表盘上装饰着经过超高亮夜光处理的时刻和抛光指针。另一款全镂空手工雕花自动机械5分报时问表，凝聚顶级制表技术和完美奢华的体验，镂空表盘将问表的复杂结构表现得让人惊叹，精密的传统制表工艺和现代科技的结合，传承了伊度表的制表传统，为品牌目前最完美的腕表。

Spirit of Norway Limited Edition

Edox 94001(Soprod 9090)自动机械机芯，时、分、秒以及动力储存指示，大日历窗显示，日期校正功能，高科技不锈钢表壳以及防刮陶瓷表环，锁螺丝表冠，自动氦气阀，螺丝旋入式表盖，蓝宝石水晶镜面，防水500米，限量400只。

Les Bémonts 5 Minute Repeater

不锈钢表壳，蓝宝石水晶镜面，透明表底盖，5分报时功能，鳄鱼皮表带，防水50米，全球限量50只。

爱宝时 EPOS

环顾过去，EPOS鲜少出现令人亟欲追求或是眼睛发亮的作品，平心而论，硬要将“奢华”、“顶尖”等字眼加诸其上，多少有些吹捧嫌疑。然而，不可否认的是，EPOS总是将制表工艺很平实地发扬，性格正如同欧洲童话故事里年迈而实在的工匠。今年EPOS更推出全新Collection Sophistiquee系列，一改往日平实，三款表现形式各异的表款，确实能吸引不少目光。Ref.3377单时针半镂空腕表、Ref.3378动力储存月相表、Ref.3379三针一线逆跳腕表，三款架构在类似框架中展现各自不同风味，甚至有别以往的风格，今年的EPOS颇令人玩味。

Ref.3377单时针半镂空腕表

装配Unitas 4698机械机芯，单时针指示，不锈钢材质表壳，镂空面盘与机芯，蓝宝石水晶镜面，搭配真皮表带，防水50米。

Ref.3378动力储存月相表

装配Unitas 4698机械机芯，时、分、小秒指示，月相显示功能，40小时动力储存。不锈钢材质表壳，蓝宝石水晶镜面，搭配真皮表带，防水50米。具日内瓦印记。

Ref.3379三针一线腕表

装配Unitas 4698机械机芯，逆跳时针，分针、小秒针指示。不锈钢材质表壳，蓝宝石水晶镜面，搭配真皮表带，防水50米。具日内瓦印记。

FRANCK MULLER

FRANCK MULLER始终秉持精致制表工艺的发展与创新，并以独到的美学敏锐度，复古酒桶型和方型表壳搭配上夸张的数字时标，如此大胆又极具创意的突破性做法，为严谨的复杂表领域中注入了时尚的气息。

当人们还企图以时尚与专业，来为腕表作大致分野时，FRANCK MULLER所设计的腕表早已经打破了这个分明的壁垒，彷佛一位创造惊奇的魔法师，淬炼出不凡工艺与天马行空的创意，巧妙地捏塑出时间形貌，不仅创作出许多蕴含顶级复杂工艺的作品，赋予腕表美学的造诣更是冠绝群伦。近年让无数表迷为之倾倒的酒桶造型，搭配着夸张而色彩纷呈的ArtDeco数字时标，即是在FRANCK MULLER的巧手下以迷人的曼妙身段狂袭表坛，成为全新的时尚指标。而每年到了WPHH现场，更是令人期待万分，无论你做出再多的臆测猜想，你永远不知道FRANCK MULLER不断为腕表创造崭新面貌的精妙手法，会呈现出何种令人惊讶不已的时计新作。

Aeternitas系列

去年以三轴立体陀飞轮技惊四座的Franck Muller，今年再度以一系列Aeternitas腕表令世人大开眼界，也宣示了集团在超复杂腕表领域的领先地位。Aeternitas在希腊文中就是“永恒”的意思，Franck Muller发展出以此为名的一系列自动上链陀飞轮机芯，配备双发调盒和微型自动上链盘，动力储能可达八天，呈现出四款功能各异的系列腕表，共有陀飞轮、动力储存、双追针与永恒日历双追针计时表。装配于旗下经典Cintree Curvex酒桶外型的机芯上，六点钟位置均具有大达14mm的一分钟陀飞轮，陀飞轮笼架上还设计了FM的字母图样。其中，Aeternitas永恒日历双追针计时表的诞生，照例再一次令人对FRANCK MULLER的制表工艺瞠目结舌。

以往机械腕表中所谓的万年历功能，由于世纪中的百年必须被四百整除才是闰年，因此2000、2400、2800年即算闰年， 2100、2200,、2300年等无法被整除即非闰年，因而每到这些年份2月转换至3月当下，万年历会就必需手动调校，可说是万年历功能的长久以来的遗憾。如今，FRANCK MULLER首度突破瓶颈，推出表坛首枚可达999年无须调校的恒久日历腕表，堪称将万年历的精准与技术提升至前所未有的境界，此外还附加了日夜显示、时间等差、两地时区、陀飞轮与双追针等复杂功能，更奠定其复杂钟表大师的地位。

Aeternitas
永恒日历陀飞轮双追针计时表

铂金材质，装配自动上链机芯，8日动力储存。时、分指示。6点钟陀飞轮，恒久日历、日夜显示、时间等差、两地时区、双追针计时功能。蓝宝石水晶镜面，鳄鱼皮表带。

Evolution3-1

950铂金表壳或18K金表壳，装配手动上链机芯，时、分指示，万年历功能，月相显示，12点钟日期逆跳与10日动力储存指示，6点钟三轴陀飞轮装置，蓝宝石水晶镜面。搭配鳄鱼皮表带。

Take Your Time

以趣味角度玩赏时间并大胆向传统挑战的Take Your Time逆跳腕表，跳脱制式将时间以“人性”的角度予以切割，面盘上半部的飞返逆跳时针，其移动的方式并非等分，如早上8到12点与下午2到6点的上班时间，大家都希望时间能尽快过去，因此时标间距特别短，反观午餐时间则希望能再延长一点，因此短短12点到2点2小时的间距远大过上班时间，Franck Muller认为人人都想留住瞬间飞逝的欢乐时光，并值得加以放大珍藏，Take Your Time即是充分体现出人类对于时间的“奢望”，同时又创造出令人会心一笑的悦时乐趣。面盘下方则备有小秒针和月相显示，呈现出Franck Muller经典优雅的一面。

Take Your Time逆跳腕表

18K白金表壳，装配自动上链机芯。42小时动力储存。特殊“非等分”逆跳小时指示，中央分针、6点钟小秒针指示。月相指示。蓝宝石水晶镜面，鳄鱼皮表带。

Master Banker三地时区腕表

Master Banker三地时区腕表以实用功能为主导，3点钟与9点钟位置的第二与第三时区面盘一目了然，同时亦具备日夜显示模式，极简单易读的阅时模式让配戴者可以即时掌握世界不同时区的时间，并可以透过单一表冠操控三个时区的时间显示，便利的操作与单纯的显示，对于从事国际商务的人士而言堪称掌握时间的不二首选。此外较为特殊的设计为第二及第三时区显示器的分针可以半小时单位调校，对于某些时差以30分为计算单位的国家，能更精准的显示，例如日内瓦及新德里两地时差为4 1/2小时，所以半小时单位调校功能便显得非常重要。

Master Banker三地时区月象腕表

铂金、18K金或不锈钢表壳，装配自动上链机芯，动力储存42小时。三地时区指示，第二地与第三地时区可以30分钟为调校单位，皆具有日夜显示。6点钟月象及日期指示，蓝宝石水晶镜面。搭配鳄鱼皮表带。

Totally Crazy Color Dreams

对于FRANCK MULLER而言，精湛的制表技艺是其所坚持的一贯理念，“创意”则是其赋予腕表新风貌的具体诠释。延续Crazy Hours 的概念，Totally Crazy Color Dreams表盘上的数字经过重新排列，分针正常地依照顺时针方向转动，直接显示分钟时间；而重点在于指示小时的弹跳时针之上，只要对照时针所指的阿拉伯数字，便可立即知道小时的时间。此外，日期指示功能也被彻底颠覆，以不规则的跳跃方式加入这一场疯狂跃舞的时间游戏。

Totally Crazy Color Dreams

18K黄金、白金与玫瑰金及镶钻款式可供选择。自动机芯，中央弹跳式时间及日期指示，分针指示，蓝宝石水晶镜面，鳄鱼皮表带。

FERRARI Engineered by OFFICINE PANERAI

沛纳海与FERRARI两大意大利品牌的跨领域组合，催生了一个全新的梦幻腕表品牌FERRARI Engineered by OFFICINE PANERAI，它足以燃起男人内心渴望的熊熊烈火。

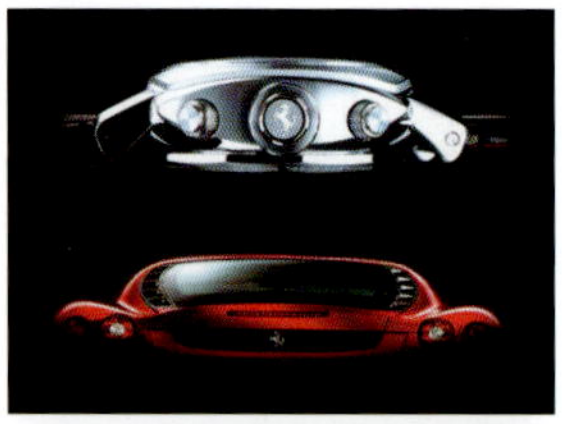

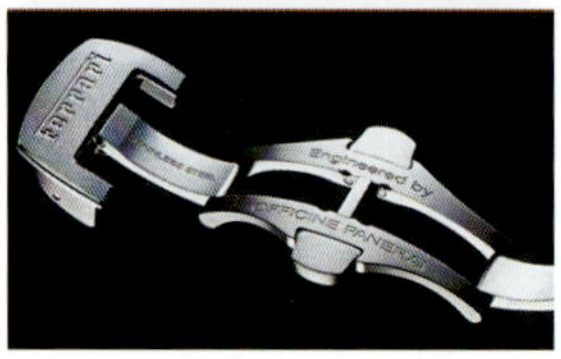

FERRARI Engineered by OFFICINE PANERAI，不同以往车厂与其他钟表品牌的合作关系，而是完全独立的品牌。腕表诸多的设计概念，具体而微地将FERRARI跑车的身影重现。

为了把跨领域的两大文化美学结合，设计师参考了车款的引擎与车身细节后，将充分展现FERRARI跑车风味的流线造型，设定为FERRARI腕表外观的设计目标：双弧形的表框及利落的表耳设计，采用抛光和雾面打磨的交替运用，重现动感十足的车体设计；表冠与计时按钮，源自FERRARI仪表板按键的方钉图案压花纹；蓝宝石水晶后底盖装饰有蜂巢图案，就如同引擎的散热系统。种种元素的交集，皆展现出百分之百的FERRARI风味，唯有在表背及打开折叠式表扣之后，才能看见Engineered by OFFICINE PANERAI字样，诉说着其顶级腕表的风采。

FERRARI腕表目前推出Granturismo和Scuderia两大系列。Scuderia系列的主要特色，在于其12点钟位置传统的黄色盾牌图案，其上标志有Pracing Horse，上方则是代表意大利国旗的三色组合，计时盘上并采用一体成型的钛金属面罩覆盖；Granturismo系列，位于12点钟位置的则是精雕的Pracing Horse与FERRARI标志。功能方面，则强调运动机能取向，含括了日期、两地时区、计时码表与双追针计时等。其中包括一款装配沛纳海首枚自制机芯P.2002的八日链两地时间限量腕表。

Granturismo Chronograph

PANERAI OP ⅩⅡ机芯，46小时动力储存，C.O.S.C.瑞士官方天文台认证，计时功能，不锈钢表壳，防水100米。

Scuderia Rattrapante　　**Granturismo Rattrapante**

PANERAI OP ⅩⅧ机芯，42小时动力储存，C.O.S.C瑞士官方天文台认证，双追针计时功能，不锈钢表壳，防水100米。

8 Days GMT

P.2002/2手上链机芯，八日动力储存显示，中央第二地时间指示，日夜显示，玫瑰金表壳，蓝宝石水晶镜面与底盖，防水100米。

FREDERIQUE CONSTANT 康斯登

有否想过双重心跳视窗配上许多心形图案的腕表款式会是怎样？展会上，康斯登推出了一款12点钟位拥有双重心跳视窗，同时表盘上布满多个心型图案的女装腕表。腕表的表盘和表框部分总共镶有56颗VVS顶级钻石，使腕表加倍令人爱不释手。

延续康斯登于2004年所发表的HBM（Heart Beat Manufacture）自制机芯，今年发表新款的HBM月相腕表，12点钟的月相盈亏显示和指针式日期盘，延续之前系列的既有功能，但大胆的将装饰有日内瓦饰纹的机板，做为表盘的设计主轴。

Heart Beat Manufacture Moon腕表

FC-915-1手上链机芯，动力储存48小时，时、分指示，6点钟心跳视窗，12点钟月相显示与日期指示，玫瑰金表壳，饰有日内瓦饰纹的银色表盘，蓝宝石水晶表面及后底盖，路易斯安那鳄鱼皮带，防水50米。

Ladies Double Heart Beat腕表

FC-310自动上链机械机芯，动力储存42小时，时、分、秒指示，12点钟双重心跳视窗，不锈钢表壳镶钻，白色表盘中央圆形部份饰有多个细小心形图案，蓝宝石水晶表面及后底盖，路易斯安那鳄鱼皮带，防水50米。

FORTIS

FORTIS的飞行表款不但只是俄罗斯官方太空任务的指定表款，更获俄罗斯航空局“蓝色运行之星”荣誉勋章，也是世界上许多国家的飞行单位指定的标准配备，尤其以专业飞行员系列计时腕表更是广受好评，充满刺激和冒险性格也是品牌最明确、鲜明的形象。

今年推出3款B-42计时码表：B-42 Chronograph Alarm C.O.S.C.、B-42 Official Cosmonauts Chronograph Titanium Carbon和 B-42 Official Cosmonauts Chronograph Marinemaster，维持品牌一贯率性的性格和形象，也让此系列的表款更加齐备。作为俄罗斯太空任务官方指定国际太空站时计的供应商，此三款表以精密的机芯和符合太空计划的设计，将品牌形象诠释得淋漓尽致。

B-42 Chronograph Alarm C.O.S.C.

F2001-5自动机芯（基础机芯为Valjoux7750），C.O.S.C.认证，时、分、小秒指示，日期显示，计时功能，闹铃功能，不锈钢表壳，限量300只。

B-42 Official Cosmonauts Chronograph Titanium Carbon

Valjoux7750自动机芯，时、分、小秒指示，日期、星期显示，计时功能，钛合金表壳，限量500只。

B-42 Official Cosmonauts Chronograph Marinemaster

Valjoux7750自动机芯，时、分、小秒指示，日期、星期显示，计时功能，不锈钢表壳。

GLASHÜTTE ORIGINAL 格拉苏蒂

来自于德国Glashütte镇、创始于1845年的格拉苏蒂腕表，承继深厚的历史传统与严谨精实的民族性格，是目前最能代表德国正统制表工艺的品牌。它以纯正德国血统以及精湛的技艺，广受收藏家与专家们的肯定与赞赏，并且以完全不同于瑞士表的独特风格在竞争激烈的高级腕表市场中占有一席之地。

GLASHÜTTE ORIGINAL格拉苏蒂去年将旗下的众多表款统一整合为五大系列表款，格拉苏蒂巧妙地以此为基，复以功能、表壳外型与线条设计，让系列表款增添更为丰富的表情。

Masterpieces 逆跳小时陀飞轮腕表

隶属于Masterpieces的全新Tourbillon Regulator逆跳小时陀飞轮腕表，表盘右边为小时逆跳的展演舞台，并巧妙地将逆跳小时指针隐于中央的分钟指示盘下方，不仅增添了阅读时的便利性，也别具趣味玩赏性，这也是品牌首度推出宝玑式陀飞轮腕表，格拉苏蒂总裁Frank Müller指出，以飞行陀飞轮自傲的格拉苏蒂，借此证明他们也拥有宝玑式陀飞轮的技术，并可从表款后底盖看到品牌引以自豪的机芯雕花工艺。

Tourbillon Regulator

铂金表壳，Cal. 46手上链陀飞轮机芯，动力储存60小时，跳时与分钟指示，黑色表盘具机刻饰纹，蓝宝石水晶镜面与底盖，全球限量100只。

PanoNavigator 计时码表

格拉苏蒂全新推出的PanoNavigator，齐集了令人赞叹的准确度、功能性和出众的美学于一身，给予经典航空表另一种活力的诠释。像所有的经典航空表一样，PanoNavigator的设计焦点着重在极佳的辨识性和功能性。最醒目的设计为犹如漂浮在面盘上半部的计时秒针盘，不仅展现过人创意更大大增加视读性。此外为确保最好的夜视性，所有小表盘上的整点数字、精细的分钟刻度、时针分针和秒针都嵌上了发光物质，计时功能更具有航空表所不可或缺的飞返计时功能。

PanoNavigator采用坚固且经雾面处理的44mm铂金表壳，内部装配Caliber 95的自动上链机芯，显示了GLASHÜTTE ORIGINAL对钟表制造工艺极严格的要求。

PanoNavigator计时码表

铂金表壳，装配Cal. 95自动机芯，时、分指示，飞返计时功能。蓝宝石水晶镜面。黑绿色弹性Trieste表带或真皮表带。全球限量50只。

PanoMaticVenue

在一个能更快速和频繁地往来于地球各地的时代，现在的计时器也必须得以符合因应的挑战。PanoMaticVenue即是为了这项挑战而诞生。PanoMaticVenue是为了符合现代旅行者的需要而发展出来的一款创新、精确、功能性强，并能显示第二时区的腕表。PanoMaticVenue偏心式的表盘的简洁视觉效果，使得视读性极为简便。除传统的时间和日期显示外，2点钟的24小时制的指针盘更具有日夜显示，让世界旅人更能精确掌握时间。

PanoNavigator计时码表

铂金表壳，装配Cal. 95自动机芯，时、分指示，飞返计时功能。蓝宝石水晶镜面。黑绿色弹性Trieste表带或真皮表带。全球限量50只。

Senator Navigator 航空表

在回顾制造和设计航空表的悠久历史中，格拉苏蒂的工程师们累积了丰富的知识，创造出全新的航空表——Senator Navigator

Senator Navigator表盘采用传统式的黑底和大阿拉伯数字及线状刻度，重现早期航空表款的原汁原味。为了提供最好的夜视性，所有的双数整点刻度、精细的分钟刻度、时针分针和秒针都涂以夜光涂料。此外，在12点的地方有特别的三角形标记使得表盘定位更容易，秒针的尾端则装置有具备平衡功能的GLASHÜTTE ORIGINAL的双G商标。

Senator Navigator航空表

不锈钢表壳，装配Cal.100自动机芯，时、分与秒指示，8点钟位置按钮可控制秒针归零，蓝宝石水晶镜面，小牛皮表带。

Senator Karree

在经过重新改良外形和尺寸后，格拉苏蒂推出了全新改款的Karree系列，赋予极简的外型和低调的的优雅风貌。新款Karree拥有全新两大特点，加大尺寸的樽形表壳和更为圆润的曲线，使其得以完美地融入Senator系列，不仅维持一贯的风格，更展现了焕然一新的面貌。此外，凹弧形的表背设计以符合人体工学的曲度让腕表更服贴于手腕，为佩戴者提供绝佳的配戴舒适感。

Senator Karree万年历腕表

玫瑰金表壳，装配Cal. 39-50自动机芯，时、分、秒指示，大日期视窗与月相盈亏显示，蓝宝石水晶镜面，鳄鱼皮表带。

Stars 仕女钻表

今年由相同格拉苏蒂女性团队所设计的Star系列，再度推出五款风格鲜明的表款，分别以Golden Dragon、Sea Shell、Nordic Light、Prima Vera与Arabic Dream为主题，维持了同样大胆、原创的设计理念，以各具特色的主题，运用贵金属与各式彩宝呈现的炫丽装扮，展现女表多变的万种风情。

SeaShell

Cal. 90-02自动机芯，双鹅颈式微调器，21K金自动盘，动力储存42小时，时、分与小秒针指示，月相与大日期视窗显示，表圈镶嵌64颗钻石，表冠镶嵌1颗0.25克拉钻石，深紫色鳄鱼皮表带。

Golden Dragon

Cal. 65自动机芯，双鹅颈式微调器，21K金自动盘。42小时动力储存显示，时、分与小秒针指示，大日期视窗显示，表盘镶有华丽美钻，表圈交替镶有顶级64颗红宝石，表冠镶嵌1颗红宝石，红色鳄鱼皮表带。

GIRARD-PERREGAUX 芝柏表

以秒为基础，累积成腕表时间的所有功能取向，因此要探究时间最根本的意涵，该是以秒为单位。芝柏是少数可以制作精准计时至1/8秒的表厂，就是这种锱铢必较的研发精神，开启了GP芝柏表以各种方式、功能，穷究时间的各种面向，而这种精神也从中贯穿了芝柏的每款腕表。

身为瑞士表界少数的独立顶级表厂，芝柏表致力于展现表厂所拥有的雄厚资源，2006年芝柏表推出多款新作，为男女经典表款，增添更为丰富的深层内涵。

2006年，芝柏表发表ww.tc世界时区万年历，以跨越多重时间意涵的面相，将无形时间概念与有形地域疆界加以连结，巧妙地融为一体，透露着芝柏企图贯穿时间轴线的想法。当然，芝柏表也致力于追求实用时计的运用层面，自1994年，GP芝柏表推出了超薄机芯GP3000后，今年更推出两枚全新的自动机芯，今年所推出的这款Vintage 1945 XXL 大型计时码表所装配的GP3300机芯即是延伸自GP3000，现代感十足的运动表细节加上装饰艺术，所催生的大型表款，结合了经典与时尚双重特质。

而近年芝柏表更是成功地打入女表市场，今年特别专为女性量身打造的Lady Chronograph计时码表，采用芝柏独创的码表导柱轮机构，这项将计时层与码表层结合的设计，不但强化动力传输的速度，也大幅提升码表计时的精密度与稳定性，是专业制表技艺中首开先例的研发。

说起女表系列，不得不提最具特色的Cat's Eye系列，今年所推出的Cat's Eye双逆跳钻饰女表除了具有绝美独特的外型，双逆跳秒针与星期的设计更是营造阅读时间的趣味，恰如其分地阐释女表该有之华美气质与绝美风情，也该拥有如现代女性一般的丰富内涵。因此Cat's Eye不仅虏获全球女人芳心，更于2005年连续获得瑞士与日本年度最佳女表之双重肯定。

ww.tc Perpetual Calendar

GP033Q0自动上链机芯，万年历功能，月相显示，世界时区，玫瑰金表壳。

Vintage 1945 XXL 计时腕表

GP3300自动机芯，46小时动力储存，日期显示，计时功能，不锈钢表壳，防水30米。

Lady Chronograph导柱轮自动计时腕表

GP 030C0自动机芯，导柱轮装置，计时功能，巧克力色镂空表盘，18K白金表壳，表圈镶嵌钻石，鳄鱼皮表带，防水30米。

Cat's Eye双逆跳钻饰女表

GP 03390机芯，46小时动力储存，秒与星期逆跳指示，月相与日期显示，珍珠母贝表盘，时标镶钻，18K白金表壳密镶美钻，防水30米。

GÉRALD GENTA 尊达

GÉRALD GENTA一向能够同时满足苛求工艺与设计感的人士，今年推出以一根针走完一圈即48个月的万年历月相表款Perpetual Calendar Moon Phase。四个视窗，分别指示万年历、南北半球星象、日期及星期指示。掐丝表盘呈现出如同太阳散射的光芒，视觉效果极抢眼。而这款万年历腕表的设计，直到2100年前都能精准无误，但因为公历规定能够整除4及400的年度为闰年，但逢百不闰，2000年为闰年，但2100年则否，因此需手动调动一天，如此而已。

而另一款陀飞轮黑精灵（Octo Black spirit），铂金材质表壳，钽金属表圈，镍银合金（Arcap）打造面盘与桥板。也是Octo系列第一款飞返陀飞轮珠宝表，企图运用全新的材质，赋予珠宝表不同观点。

Octo Black spirit

装配GÉRALD GENTA 自制陀飞轮机芯，逆跳时针，分针指示，64小时动力储存，陀飞轮功能，铂金属表壳，钽金属表圈，面盘镶饰22颗黑蓝宝石，与14颗红宝石，防水100米。

Octo Perpetual Calendar Moon Phase

装配GG 7080自动上链机芯，时、分指示，万年历功能，南北月相功能，45小时动力储存，有玫瑰金与白金两种材质表壳，防水100米。

古驰 GUCCI

当经典遇上纯粹奢华所激荡的火花，在BaselWorld点燃时间热情，GUCCI今年发表的Guccio系列腕表简洁有力，带有浓浓的都会风尚。Dual Time可说是简约风尚的极致，分为两个时间盘的设计，将调校两地时间的表冠设计于12点及6点钟方向，充分掌握精品最擅长的设计质感。点燃耀眼春色让人惊艳的“GUCCI粉彩竹节表”，表款设计上采用GUCCI Fashion崭新且亮眼的色彩，以及欧洲最前卫的流行素材——橡胶，散发青春洋溢的活力风情。全新的面盘使用马衔图纹、绿红绿条纹与蓝红蓝条纹，承袭完美无瑕的GUCCI风格。此外，3月份亚太抢先引爆的Twirl手表，也是今年强打表款，镂空双G图案，360度旋转表壳是腕表也是手镯，是今年GUCCI最具明星相的新表。

Guccio Dual Time

装配瑞士石英机芯，时、分指示，双时区显示，不锈钢表壳，蓝宝石水晶镜面，皮表带，防水30米。

GUCCI粉彩竹节表

装配瑞士石英机芯，时、分指示，不锈钢表壳，蓝宝石水晶镜面，白、粉、红色橡胶表带，防水30米。

Twirl

装配瑞士石英机芯，时、分指示，不锈钢表壳，蓝宝石水晶镜面，不锈钢表镯，防水30米。

GUESS COLLECTION

来自美国的流行手表品牌GC（GUESS COLLECTION），本季最新推出——Paris Collection巴黎系列。以巴黎闻名于世的卓越流行品位为设计灵感，设计出此款优雅简约、恒久而易于搭配的经典款式，就如同高雅时髦的巴黎仕女漫步街头，展现都会女性的超凡品位。

黑色，不一定是神秘莫测，只要细心地欣赏，便可发现当中潜藏着的热情与魅力！另一款Black Diver Chic腕表系列，正是完美的演绎，集简约的线条与sporty腕表的元素于一身，利落的设计搭配上乘的不锈钢混合珐琅用料，绽放优雅高贵的气质。

Black Diver Chic

装配石英机芯，时、分与秒指示，日期、星期指示，表面镶嵌10颗美钻，珐琅覆面不锈钢材质链带。

Paris Collection

装配石英机芯，时、分与秒指示，日期、星期指示，鳄鱼皮压纹表带或珐琅覆面不锈钢材质链带。

HARRY WINSTON

Opus 6

装配Emotion 30° 手上弦机芯，双体30°陀飞轮，Ocean海洋式表壳，小秒针计数盘，时针与分针显示盘。

Ocean Lady Biretro

自动上链GP 3106机芯，30秒与星期双逆跳指示，偏心时、分指示，大型日期显示，白金表壳，白色珍珠母贝表盘，蓝宝石防反光镜面及底盖，白色鳄鱼皮表带，防水100米。

若你对HARRY WINSTON在钻石领域所创造的荣耀光环存有强烈的印象，那么就不能不知道其迅速累积的制表声名，已经与“钻石之王”美誉并驾齐驱。从2001年HARRY WINSTON发表与独立制表大师合作的Opus概念以来，其已成为每年备受注目的闪亮主角，Opus 6的大胆创新与完美至上，为HARRY WINSTON与 Greubel Forsey的合作结晶，配备Emotion 30° 机芯、数位时间显示系统，有三个圆形指示盘分别显示时、分、秒。Emotion 30° 象征Opus 6高超工艺，展现双体飞轮呈30°的倾斜，将腕表的精准度保持在最理想的状态。大陀飞轮框架每四分钟旋转一圈，平衡摆轮的转动，避免因地心引力而在某位置停留过久，而小陀飞轮能精准传动则归功于齿轮与小齿轮组成的锥形齿轮，让Opus 6再次成为今年度的话题之作。

而新系列的Ocean Lady Biretro结合珠宝镶嵌技术和高科技功能，具有自动上链机制和双逆星期和秒针指示（分别置于4点和8点方向），以及位于12点的偏心时针和分针显示，另外可透过6点的视窗看见大型日期显示。

HAMILTON 汉米尔顿

以高品质计时器驰名的HAMILTON汉米尔顿表，是1892年成立于美国宾州兰开斯特镇的一家表厂，于第二次世界大战期间至随后的几十年间为美国政府供应了尖端科技计时器。

第二次世界大战期间，HAMILTON汉米尔顿表被选中，特别为美军和盟军生产多种手表、时钟、天文钟和测时装置。几乎每一部备战的军用车辆或舰艇都装有HAMILTON汉米尔顿时计。根据战时档案，HAMILTON汉米尔顿表曾为军方提供了一百万只以上的手表、天文钟、计时装置、航空表、对照表、腕表和航海天文钟等，因此可说HAMILTON汉米尔顿表几乎就是军用表的同义词。除了精良品质深获军方信赖，汉米尔顿表在上世纪50~60年代更以其前卫时尚的设计风格为好莱坞巨星所喜爱，直至今日，仍是美国影歌巨星不论个人或演出时佩戴的指定品牌。

HAMILTON今年所推出的新表，仍是秉持一直以来的精湛品质与完美设计，既保有军表精实耐用的强大机能，又融入时尚、运动的设计元素，在表镜大做文章的Khaki Frogman Auto Chrono，镜面上的两个放大镜结构，分别加强30分钟计时盘与日期显示的阅读性，也提高此表款的辨识度与可看性，完美地将HAMILTON百年来的制表工艺贴切呈现，展现多变的腕表风格，在运动与时尚间取得绝佳平衡。

Khaki Frogman Auto Chrono

装配Cal. 7750自动机芯，时、分与小秒针指示，计时功能，不锈钢表壳，防水200米。

卡其航空QNE

汉米尔顿新款卡其航空QNE将专业性能与飞行风格完美呈现！将攸关专业飞行安全所需的压力-高度测量转换融合于表中，可调节的表圈内环能够计算飞机处于特定高度时大气压力所造成的影响。此外，表背上蚀刻有飞行员专用特殊的完整Zulu飞行字母表，旨在强调其专业飞行表的高傲血统。

不锈钢表壳，装配自动上弦机芯。时、分、小秒针指示，日期显示。附有压力-高度测量转换表圈。蓝宝石水晶镜面及底盖，表背刻有飞行员专用Zulu飞行字母表。真皮表带，防水100米。

爵士淑女

在女表方面，HAMILTON第一款配备自动机芯的女装腕表爵士淑女，采用近年大行其道的镂空表盘设计，并让镂空视窗与表盘上花朵图案完美融合，同时借由花朵的轮廓展露这款腕表的内在灵魂与瑞士制造的顶级品质自动机芯。花朵主题同样点缀着腕表底盖，可借由表背洞悉机芯的律动面貌，而绽放的花朵的主题也维系了女性钟爱的柔美质感，同时更有镶钻款式衬托华丽出众的女性风采。

装配2824-2自动机芯，时、分与秒指示，表盘与底盖具镂空视窗可透视摆轮结构，不锈钢表壳，蓝宝石水晶镜面与底盖。

HERMÈS 爱马仕

今年HERMÈS爱马仕所推出的表款都以圆形表壳为主轴，意象式地传达爱马仕对回归腕间计时器最原本初衷的诠释理念。爱马仕最为著名的表款之一H-our，具备着方形表壳与H形表耳，描绘着属于爱马仕的品牌形象所在。今年这款表的原始设计师Philippe Mouquet，重新设计出一款圆形表壳的版本，表盘上面具备着如同太阳放射光线的机刻饰纹，搭配原本以中央轴为中心的直线式时标，具象地传达出计时器最初始的面貌。另一款源自于2004年的爱马仕经典表款Barenia，以单一条皮表带环绕表身而成，专利皮表带设计，让使用者可以轻松容易地更换表带，多达十八种颜色组合与皮革材质的表带，可依据不同的穿着风格与场合来搭配，诉说着爱马仕精湛不朽的皮革制作工艺，2006年爱马仕同样地将其原本方形的表身，化身成为浑融雅致的圆形。

Barenia Round

装配石英机芯，时、分指示，日期显示，银色表盘，不锈钢表壳，蓝宝石水晶镜面，小牛皮或山羊皮表带。

Heure H Ronde

装配石英机芯，时、分与秒指示，日期显示，银质面盘，不锈钢表壳直径40mm，表冠具爱马仕标志图案，蓝宝石水晶镜面，小牛皮表带，折叠式表扣或针扣，防水50米。

御博表 HUBLOT

擅长将不同材质整合玩出新风貌的HUBLOT Big Bang系列，在色彩的呈现上今年也搭上最热门的巧克力色，推出Big Bang Frappuccino，以巧克力色的格纹面盘与立体压纹橡胶表带，搭配经细致抛光打磨的黑色精密陶瓷表壳，不仅流露强烈的时尚感，更具沉稳阳刚的魅力。表壳侧面的夹层采用制作防弹背心的Kevlar合成纤维，看起来像是天然橡胶表带直接贯穿表身，设计十分精妙；而多层次结构的表壳则充分展现各种复合材质的独特性。

此外今年Big Bang亦增加新成员41mm系列，以较小的表壳直径搭配玫瑰金、不锈钢与陶瓷材质表壳，亦可选择镶有钻石的华丽款式，可说集前卫与典雅、活力与尊贵于一身，同时让喜爱Big Bang的表迷有更多元、时尚的选择。

Big Bang Frappuccino

装配HUB44 自动上弦机芯，动力储存42小时。时、分、小秒针指示，计时功能，日期显示。黑色精密陶瓷表壳，双面防炫蓝宝石水晶镜面及底盖。巧克力色面盘及橡胶表带，防水100米。限量250只。

Big Bang 41 mm Porto Cervo

装配自动上弦机芯，动力储存42小时。时、分、小秒针指示，计时功能，日期显示。41mm玫瑰金表壳，表圈镶有114颗白钻。双面防炫蓝宝石水晶镜面及底盖，白色橡胶表带，防水100米。限量250只。

大前年是飞行表、前年是潜水表，去年则是工程师系列。IWC的脉络似乎有迹可寻。今年的IWC再次往天上发展，不论是经典飞行员腕表与喷火战机腕表，皆有令人亮眼的表现。

去年主推工程师表款的IWC，今年则由陆地转向天空发展，以飞行表为2006展场的大宗，改款全系列经典飞行表及喷火战机腕表系列。其中，传统的经典飞行员腕表系列一脉相承，共推出五种新型号，包括全新大型飞行员腕表、追针计时码表、自动计时码表、经典马克十六腕表和肩负扩充飞行表市场任务的中形飞行员腕表。除了中型飞行表的表径向下缩小到34mm以适合手腕较纤细的人士和女性之外，此次改款最大的特色是表款的直径加大：马克十六的直径为39mm(比马克十五加大一毫米)、自动计时码表则由39mm加大到42mm；而追针计时码表则以1,000枚陶瓷表壳样式限量发行；大型飞行员腕表则仅有些微转变，只在时分针及表盘的外观设计方面参照了同系列中其他飞行腕表稍作更改，使全部经典系列飞行表的外型款式更为一致。

在Spifire喷火战机腕表系列方面，则推出有自动计时码表、马克十六腕表、中型腕表和环球时间双时区腕表等四种款式。同样的，喷火战机腕表的直径除中型腕表为34mm外，其余表径也加大了，喷火战机马克十六腕表直径为39mm，计时码表则为42mm。至于IWC著名的UTC环球时间双时区腕表此次只在喷火战机腕表出现，并将环球时间显示视窗由表盘上半部移到下半部，面盘的整体视觉也更加协调，宛若绽放的纯真笑颜。

此外，今年是《小王子》的作者，同时也是法国航空的先驱——圣艾修伯里发表小说《夜航》的75周年。因此IWC特别推出圣艾修伯里飞行员计时码表，除了具有IWC计时码表一贯的强悍特性外，6点位置12小时积算盘上的“A”字简写，取自圣艾修伯里的真迹。限量1931只，正是《夜航》发表的年份，同时，有一款不对外销售，独一无二的铂金款式，会连同《夜航》法文首版与圣艾修伯里的一页手稿及一幅手绘图共同拍卖。

除了朝天空发展，今年IWC在葡萄牙系列表款上亦有令人眼睛为之一亮的表现，尤其是系列表款声音最响亮的三问表，装配着IWC1930年制造的95290怀表机芯，而超过250枚零件所组成，具有大型共鸣箱的三问机制，则是IWC上世纪80年代的新三问机制。全新的葡萄牙三问腕表，以更现代化面貌呈现、全新表盘颜色、镶贴式时间刻度及“铁路轨道”风格的分钟刻度，展现葡萄牙系列表款经典的一面。

葡萄牙三问表

95290机械机芯，43小时动力储存，时、分、小秒指示，三问功能。全球限量玫瑰金与白金各250只、铂金100只。

喷火战机自动计时腕表

79320自动上链机芯，44小时动力储存，时、分、小秒指示，日期、星期显示，计时功能。不锈钢表壳，直径42mm。防水60米。

喷火战机马克十六腕表

30110自动上链机芯，42小时动力储存，时、分、秒指示，日期显示。不锈钢表壳，直径39mm。防水60米。

特别版飞行员计时表圣艾修柏里

79320自动上链机芯，时、分、小秒指示，星期、日期显示，计时功能，小秒针掣停功能，44小时动力储存。防磁24,000安培，防水60米，直径42mm。全球限量不锈钢款1,630只，玫瑰金款250只，白金款50只，铂金款式限量1只。

飞行员追针计时腕表

79230自动上链机芯，44小时动力储存，时、分、小秒指示，星期、日期显示，追针计时功能。陶瓷表壳。直径44mm。防水60米。全球限量1,000只。

JAEGER LECOULTRE 积家表

1931年，积家开启了Reverso表款历久弥坚的传奇故事，时值Reverso诞生75周年的2006年，积家从超复杂功能、艺术、实用与珠宝镶嵌等层次，展现Reverso更具深度与感染力的精髓所在，在翻转表壳的同时，也犹如翻阅一页页精彩绝伦的钟表史诗。

一个以机芯厂起家的品牌，也意味着其拥有最雄厚的制表资源，毕竟机芯是腕表的心脏所在，积家自是其中的佼佼者。今年积家以一款装配17项复杂功能的Reverso Grande Complication，让超复杂腕表的极限巅峰，又往上飙升，成为近代复杂功能腕表王座的准候选人。

要描述这款表，必须从三部分谈起，积家高明地利用Reverso的翻转表壳，正面表盘以简约为原则，兼顾了时间的易读性的同时，也突显了具有全新研发擒纵系统的陀飞轮的运转之妙，且因摆轮轴心与陀飞轮框架不同轴，所以陀飞轮的运转之妙也更加明显；主表壳的背面表盘则融合了北半球或南半球星象图、黄道12宫、日出日落与时间等式等超复杂功能；万年历功能则置于翻转表壳之表底，可说是独立于整体机芯之外，且并没有额外的发条盒，其奥妙之处就在于因为万年历机制是一天才动到一次，因此这款表走到一日将尽之时，只要确定表壳是处于“合起”状态，齿轮就会借由主体表壳与表底所衔接的孔径，将齿轮往前拨一格，以日为计时单位的日期、星期、月份等万年历机制就跟着连带的向前。

积家今年集中火力将推出多款以Reverso为基础的表款，除了上述全球第一只具备三面表盘的超复杂功能腕表之外，装配积家著名八日链机芯的Reverso Grande Sun Moon，新添月相盈亏与日夜显示，机芯夹板并雕刻有放射状太阳饰纹与星座图；Reverso Squadra顾名思义地以正方表壳赋予经典表壳新味，并推出世界时区或两地时间版本；Reverso Duetto Duo以Reverso的双面表盘分别代表两地时间，并以月亮与太阳图腾显示日与夜，是为女性量身打造的优雅Reverso。

Reverso Grande Complication

装配手上弦陀飞轮机芯，动力储存50小时，17项功能包括北半球或南半球星象图、黄道12宫、日出日落、时间等式、万年历等大复杂功能，三面表盘，950铂金表壳，蓝宝石水晶表镜，鳄鱼皮表带搭配折叠式铂金表扣。

Reverso Duetto Duo

积家854手上链机芯，动力储存45小时，正面表盘为时分指示，背面为第二地时间与24小时日夜显示，具有18K黄金、白金或玫瑰金表壳，两面蓝宝石水晶镜面，防水30米。

Reverso Grande Sun Moon

积家873手上链机芯，八日动力储存指示，日夜显示，月相盈亏显示，玫瑰金表壳，蓝宝石水镜镜面与底盖，另有不锈钢表壳材质。

Reverso Squadra Chronograph Worldtime

积家753手上链机芯，动力储存65小时，正面表盘为时、分与秒指示，大日期视窗，日夜显示与计时功能；背面表盘为世界时区显示。Reverso首次采用的钛合金表壳，双面蓝宝石水晶镜面，防水30米。

JAQUET DROZ

JAQUET DROZ再次以掌握古老技艺的娴熟功力，成为镁光灯的焦点。向来仅使用贵金属为制表媒材的JAQUET DROZ，今年决意赋予精钢傲人的名门血统，推出最新力作Grande Heure Minute时分大指针精钢材质腕表。面盘设计以满足感官的圆形表壳为型，借由表壳、时刻、小秒针盘层层释放“圆弧”的设计概念，在形成“同心圆”的同时，却又高妙地呼应出品牌经典“偏心式”特殊面盘风格。

另一款三针一线双时区蛋白石腕表，JAQUET DROZ史无前例地为其石板灰色蛋白石表盘装饰以宽版金属饰圈，并于其上镌刻日内瓦波状饰纹且以两只蓝钢螺丝固定，完美地衬托出四只饰有机刻饰纹(Guilloche)的镀银副表盘。

时分大指针
黑白双色珐琅腕表

装配自动上链机芯，动力储存68小时。中央时、分针指示，9点钟位置小秒针盘。手工深黑色及白色大明火烧制表盘。不锈钢表壳，黑色鳄鱼皮表带。防水30米。限量88只。

三针一线双时区蛋白石腕表

JAQUET DROZ 5M60自动上链机芯，动力储存68小时。中央分针指示，3点钟位置时针副表盘，6点钟位置小秒针，9点钟位置24小时制第二地时间指示，12点钟位置日期指示。石板灰色蛋白石表盘。18K白金表壳，黑色鳄鱼皮表带搭配18K白金带扣。防水30米。限量88只。

尚维沙 JEANRICHARD

以瑞士钟表工业之父的传奇盛名为标竿，JEANRICHARD尚维沙是少数遵循古典制表价值、结合现代设计美学的瑞士制表品牌之一。2005年起，品牌所开发之新表皆采用自厂自制机芯，配备在自己的表款设计中，象征品牌的独立宣言，揭示未来可从现有机芯发展出更多复杂的高阶表款。

以自制JR1000机芯为基础的Bressel Alternativ结合前卫设计和传统制表工艺，表盘设计充满现代感，大三针、日历及动力储存指示采偏心布局，鲜红刻度散发典雅气质，设计上创新的笔触建构阅读时间的新体验，表现品牌制作当代高级腕表的理念。

而女表也有令人赞赏的表现，今年JEANRICHARD再次和L'ecole de la Chambre Synicale de la Couture Parisienne艺术学院合作，推出令人激赏的“五大洲”女表，将每一洲的特色浓缩在腕表上，不论是借由雪白无瑕的珍珠贝母所建构出娴静、优雅的“欧洲”美态，或是以黑色为基调所诠释而出充满活力的“非洲”，都各具不同风情，显现非凡的气度，这样的新锐艺术，记录着时尚，也创造出品牌专属的时间感官。

5 Continents 五大洲 ——Europe & Africa

JR-26自动上链机芯，动力储存38小时，时、分、秒指示，TV Screen Milady不锈钢抛光表壳，弧形蓝宝石水晶镜面，防水30米。“欧洲”以闪烁钻石象征欧洲内敛的历史和气质，“非洲”则用乌檀木雕塑图案代表非洲的野原风情。

Bressel Alternativ

JR1000自动上链机芯，动力储存48小时以上，时、分、小秒指示，日历指示，动力储存指示，Bressel 1665抛光全钢表壳，蓝宝石水晶镜面及后底盖，鳄鱼皮表带，折叠式表扣，防水30米。

JUVENIA 尊皇

今年JUVENIA尊皇再次结合制表工艺和金雕美学，以优雅的手工艺证明制表实力，推出多款腕表和怀表，让表迷重新认识品牌的腕表和艺术珍品。

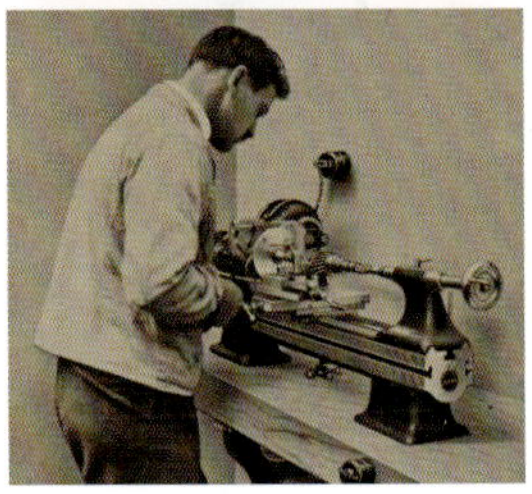

JUVENIA尊皇在1860年由法国的Jacques Didisheim创立，历史渊远流长。1910年，JUVENIA尊皇已成为钟表制造和珠宝供应的注册商标，并在1914年于拉绍德封的工厂制造出当时最小的机芯(直径仅有9.5mm)，为后来的发展奠定了基础。经过如此漫长的历史，如何保持品牌的品质、并且创造出令人惊艳的作品，今年JUVENIA尊皇再次以优雅的工艺证明实力，推出多款腕表和怀表，让表迷耳目一新。

譬如说在本世纪初推出Tigres dans la Jungle怀表，以鬼斧神工的手工艺重现怀表风格，装配的手动上链机芯是以库存的IWC952机芯为原型，表圈漆涂上绿色珐琅彩，由经典大师Kurt Schaffo手工将18K金细心镂空、雕琢，雕工之细可谓巧夺天工，仅有1只。或者如1907年曾在美国流通的金币，成了品牌的Coin Watch金币腕表，制表师将厚度仅为5mm的金币剖开，取出上层制成表盖，再挖空下层，嵌藏FP 21机芯，表背的美国鹰呼应表盖的自由女神像，展现美国精神，是一只结合美学和商业的实用艺术珍品。

Shaduli—Mère des Tigres

充满印度教神话色彩，表名意思为"老虎之母"，此表镌刻母老虎和小老虎共享天伦之乐。表身拆开鳄鱼皮表带后，可当怀表。

Shaduli — Mère des Tigres怀表/腕表
型号CW007.7.194.20

Peseux 7001镂空手动上链机芯，动力储存42小时，18K黄金表壳，镶钻151颗(共2.55克拉)，时、分指示，蓝宝石水晶镜面及后底盖，鳄鱼皮表带，防水30米，限量1只。

龙凤对表

龙凤男女对表以中国的龙、凤为图腾，利用珐琅呈现，古老中国的皇权象征经过JUVENIA尊皇的诠释，让表迷得以进入历史的洪流，见证永恒。

Biarritz(龙表)
型号B5Q1.7.799.03
Biarritz Lady(凤表)
型号B2Q1.7.799.03

石英机芯，18K白金表壳和链带，龙表镶有126颗钻石(共重1.33克拉)，凤表镶有100颗钻石(共重0.57克拉)，蓝宝石水晶镜面，防水30米，全球限量9对。

Tigres dans la Jungle 怀表

超薄IWC952手动上链机芯，表圈涂上绿色珐琅彩，正、反两面刻有12只老虎相间的12个罗马数字时刻，全部由Kurt Schaffo手工镂空雕琢，其中3只老虎，透过齿轮的摆动，活灵活现，独一无二。全球限量1只。

型号CP001.6.194.00

IWC952手动上链镂空机芯，表圈为绿色珐琅彩，时、分指示，正反两面以12只老虎和罗马时刻相间。

Pocket Watch- Watchmaker 系列

此系列的两只怀表，装配FP15手上链机芯，表圈分别以蓝色和红色珐琅彩上漆，在4个罗马数字之间，有8个花纹图案刻度指标交错着，同样也是以手工金雕母贝表盘来展现品牌细腻的心思，传承着艺术，以怀表的形式，永世流传。

Pocket Watch- Watchmaker
型号CP002.6.189.00

FP 15手上链机芯，18K黄金表壳，时、分指示，手工精雕、金雕母贝表盘，蓝宝石水晶镜面及后底盖，限量1只。

Pocket Watch- Watchmaker
型号CP003.6.189.00

FP 15手上链机芯，18K黄金表壳，时、分指示，手工精雕、金雕母贝表盘，蓝宝石水晶镜面及后底盖，限量1只。

JUVENIA 尊皇

手工金雕镂空万年历
型号9626

自动机芯FP71自动镂空机芯，18K黄金表壳和机板，镶嵌美钻48颗(共1.07克拉)，时、分指示，万年历与月相，蓝宝石水晶镜面及后底盖，防水30米，限量2只。

Mythique女伯爵
型号M1M1.7.168.71

JUVENIA尊皇F4037手上链古董机芯，18K黄金表壳，珍珠母贝表盘，镶有4颗钻石时点，镶嵌美钻1.02克拉，时、分指示，蓝宝石水晶镜面，防水30米，全球100只。

Classique
型号C6A1.6.351.20

JUVENIA尊皇专用自动上链机芯，手工金雕镂刻自动盘，42小时动力储存，日期视窗，星期指示，18K玫瑰金表壳及表扣，直径40mm，透明水晶表底盖，鳄鱼皮表带，防水30米。

Classique
型号C6A2.6.351.20

JUVENIA尊皇专用自动上链机芯，手工金雕镂刻自动盘，日期视窗，两地时间，单独调整时区指示，18K玫瑰金表壳及表扣，直径40mm，透明水晶表底盖，鳄鱼皮表带，防水30米。

Classique
型号9694.6.355.21

自动机芯，时、分、秒指示，日期显示，18K玫瑰金表壳，银白色面盘，蓝宝石水晶镜面，透明表背，鳄鱼皮表带，防水30米。

Coin Watch

型号CW001.7.194.20

FP21手上链机芯，18K黄金表壳和机板，手工镂空并可取出古董20元美金金币，时、分指示，蓝宝石水晶镜面及后底盖，限量1只。

Planet en Or Rose星球系列

型号P5A4/5.7.361.04

男表装配自动上链机芯，时、分、秒指示，日期显示，18K玫瑰金表壳和表链，表圈镶嵌42颗白钻(共1.28克拉)，珍珠母贝表盘上镶有11颗钻石(共0.07克拉)，蓝宝石水晶镜面，折叠表扣，防水100米。

型号P1R7/5.7.361.04

女表装配石英机芯，时、分指示，18K玫瑰金表壳和表链，表圈镶嵌32颗白钻(共0.55克拉)，珍珠母贝表盘上镶有12颗钻石(共0.04克拉)，蓝宝石水晶镜面，折叠表扣，防水100米。

Golden Age

型号G5A1.6.113.00

自动机芯，18K黄金表壳及链带，时、分、秒指示，日期显示，蓝宝石水晶镜面，防水100米。

Classique

型号C5M7.6.113.00

手上链机芯，时、分指示及小秒针盘，18K黄金或18K白金表壳及链带，折叠式表扣，蓝宝石水晶镜面及后底盖，防水30米。

Golden Age

型号G5P1.6.183.20

JUVENIA尊皇专用5100自动万年历机芯，时、分、秒指示，星期、月份、月相与闰年指示，18K黄金表壳，22K金自动盘，蓝宝石水晶镜面，防水100米。

LONGINES 浪琴表

创立于1832年的浪琴表，融合光阴沙漏与翅膀标志，自注册为品牌标志，从此代表自由、优雅和运动的形象深入人心。今年浪琴表推出多款新系列，精湛的制表技术和优雅造型，永恒述说经典价值。

浪琴表2006年新推出的腕表系列，以上世纪20年代之多项历史表款为灵感来源，结合古典、时尚及实用的设计，并以浪琴表一贯的优雅精神，将悠久的制表传统和精湛工艺完美结合，设计别出心裁的腕表。2006年新表款包括，Longines BelleArti、Longines Spirit、Longines Clous de Paris系列等，完美重现浪琴表优异的时计美学，及隽永的优雅精神。

Les Elégantes de Longines 浪琴表优雅传奇纪念珠宝表(V)

浪琴表从其博物馆藏中挑选了三只古董珠宝表，重新复刻推出第五代浪琴表优雅传奇纪念珠宝表（Les Elégantes de Longines），献给具有时尚品味的现代女性，让世人重温浪琴表恒久不变的经典优雅及精致工艺。

浪琴表优雅传奇纪念珠宝表（V）

使用1970年代制作的珍贵古董手上链机芯Cal. L805，时、分指示，18K白金表壳，搭配白色缎面表带；全球限量各20只。
(左)长方形表款镶嵌56颗VVS美钻，共1.50克拉。
(中)酒桶形表款镶嵌24颗VVS美钻，共0.51克拉。
(右)矩形表款镶嵌40颗VVS美钻，共0.69克拉。

浪琴表连拔飞行纪念表

全新打造的连拔飞行纪念腕表，依据当年连拔独立飞行跨越纽约至巴黎所佩戴的Hour Angle为蓝本，复刻打造47.5mm的厚尺寸腕表。仅需利用面盘中央的时间显示及可旋转外圈间的时间等差数字刻度，再搭配飞机上的无线电报讯号，便可进行同步调校机制。

连拔表原寸复刻表款

L699自动上链机芯，时间指示，计算经度、纬度、角时、飞行方向与飞行时间功能。不锈钢表壳，直径47.5mm，可掀式后底盖加上透明表背，防水30米。

浪琴表贝雅系列

宛如舞蹈女伶的柔美曲线，浪琴表全新推出的浪琴表贝雅系列，独特且优雅的弧形设计充分展现女性婉约特质。灵感来自1929年浪琴表复古表款，其独特服贴的圆弧型表壳与深具艺术美感之设计，融合古典与现代之经典艺术，呈现出浪琴表令人爱不释手的多样面貌。全新系列备有玫瑰金及不锈钢材质，无论是表壳侧边镌雕精致刻纹设计，或是其他饶富几何创意的珠宝镶嵌表盘，更突显浪琴表不断追求创意的品牌精神。

石英机芯，时、分指示，不锈钢表壳镶嵌VVS顶级美钻，防水30米。

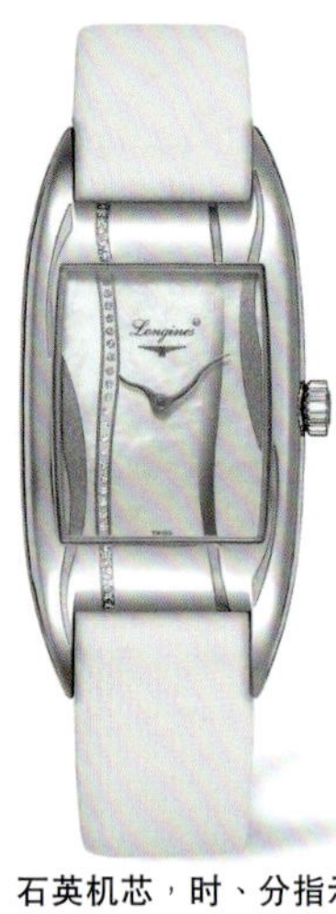

石英机芯，时、分指示，不锈钢表壳镶嵌VVS顶级美钻，防水30米。

石英机芯，时、分、秒指示，玫瑰金表壳，防水30米。

浪琴表风采系列

全新浪琴表风采系列是向创始人Ernest Francillon致敬的特别系列，并在表背镌刻有“EFCo”的字样（此为浪琴表在1889年取得专利的品牌标志）。此系列保留了上世纪20年代浪琴表计时码表独特的表壳圆弧曲线，并以实用的抗刮痕、防眩蓝宝石水晶镜面和强力夜光显示时标及镀铑镂空梨形指针，彰显新时代价值。

自动上链机芯，时、分指示，日期显示，计时功能。不锈钢表壳，防水50米。

自动上链机芯，时、分、秒指示，日期显示。不锈钢表壳，防水30米。

自动上链机芯，时、分、秒指示，日期显示。不锈钢表壳，防水30米。

自动上链机芯，时、分、秒指示，日期显示。不锈钢表壳，防水30米。

浪琴表巴黎饰钉系列

浪琴表巴黎饰钉系列腕表在表壳周围及面盘上皆以巴黎装饰钉纹（Clous de Paris）细腻装饰，完美凸显出浪琴表细致讲究的精致工艺。精雕细琢的自动上链机芯展现浪琴表优质制表工艺，全系列表款的透明底盖设计，更可让佩戴者尽情观赏机芯运作之美。在抗磨损蓝宝石水晶玻璃镜面下，蓝钢指针及以巴黎钉纹装饰的面盘之完美搭配，更显表款柔和优美的质感。

动力储存腕表

自动上链机芯，时、分、秒指示，日期显示，动力储存指示。不锈钢表壳，防水30米。

自动上链计时腕表

自动上链机芯，时、分及小秒针指示，日期显示，计时功能。不锈钢表壳，防水30米。

不锈钢腕表

自动上链机芯，时、分、秒指示，日期显示。不锈钢表壳，防水30米。

LÉON HATOT

今年围绕着制表工艺的开创精神，首次创作出旗下第一只当代设计自动上链腕表，呈现品牌无尽的细致质感，结合了制表制作的细腻工法以及女性特质，纯净简洁，充满感性，表款自动盘以彩色莲花或是镶嵌钻石的特殊装饰，摆动间更增动人魅力。Poudrier系列的特殊表壳设计，像是揭开秘密一般，让佩戴的女性只要透过表壳的开阖设计，即可一探时间的神秘。The Eventail Collection将女性的种种生动魅力以摺扇形状设计出独特的腕表作品，弧面的矩形表盖上镶嵌全切割钻石，表款上下表耳处，以阿拉伯式的图腾雕刻装饰，衬托全切割的钻石镶嵌更加动人，与可掀式的表盖一气呵成，白色珍珠母贝表盘上，扇形的雕饰镶嵌有钻石点缀，配有特殊的coup de Foudre钻饰调校时间，摺扇系列作品以传统珠宝工艺制作完成，展现上乘、难得的顶级手艺。

Poudrier

装配自动上链机芯ETA 2000，时、分、秒指示，日期显示，玫瑰金表壳。

The Eventail Collection

珍珠母贝表盘，时、分指示，镶嵌167颗钻石，4颗方形切割蓝宝石，3颗玉髓石。

MILUS

MILUS在2006巴塞尔钟表展上，呈献一款犹如专为凡间女神打造的醉人腕表款式——Apiana。作为总裁Mr. Jan Edocs表示Apiana名称源自星座中的“天燕座”，有“天堂鸟”之意，精致的腕表外形和充满动感的表壳，以及表盘上脱尘出世的数字时标，轻轻地带出天堂鸟的超然气派，这种气派正是品牌努力追寻的，渴望为女士们打造更广阔的自由空间。

虽然MILUS的火力还是集中在女装表身上，然而Mr. Jan Edocs却轻轻带出品牌绝不会怠慢男装表的制作，Herios和Zetios系列腕表就是最好的证明。全新的Herios三秒针飞返腕表展现出结构复杂的三秒针飞返功能，表盘2、6及10时位置上分别设有20秒的秒针区显示器，每当其中一枚秒针走完20秒就会自动拨回原位，并由下一枚秒针接上。三秒针不断地循环行走，乐此不疲。另一款Herios机械自动腕表则反映出品牌在生产过程中对细节的注重，纯黑表盘配上炭灰色扭索纹方框和玫瑰金色时标，感觉瑰丽大方，6时位的圆形小秒盘亦运用了图形及线条的对比。

Apiana腕表

左为白色表盘配白色锻带，右为纯黑表盘配黑色锻带，两者均采用瑞士石英机芯和精钢表壳，具时、分指示。

Herios三秒针飞返腕表

瑞士自动上弦机芯，时、分显示，3根运行20 秒的飞返秒针分别设于2、6及10时位置上。精钢表壳，刻有Cotesde Geneve 纹理的纯黑表盘，拱形蓝宝石水晶表面及后盖，黑色鳄鱼皮表带，防水30米。

MAURICE LACROIX 艾美

Pontos Decentrique GMT限量版的魅力，只能用它本身离散的功能位置来理解，在此表上，所有功能的位置都是偏心的，时、分、秒针不如往常置放在中心点，而以10点钟的圆取代，第二时区的日夜指示摆设在2点跟5点钟之间，一目了然。而为了让日期指示在表盘上的位置尽量提高，在机芯和复杂功能的零件之间，更精心设计了一个新的连结零件，此功能正在申请专利中。而Masterpiece Cinq&Cinq改版经典大五针，利用两个发条盒让动力储存达到5天，采用特制机芯Cal. ML 120，摆轮、防震、擒纵轮和主要发条都重新制作，配上迷人、充满运动风和现代感的外型，特别抢眼醒目。

Masterpiece Cinq&Cinq

装配自动机芯，Cal. ML 120，时、分、秒、星期、日期指示，不锈钢表壳，蓝宝石水晶镜面，鳄鱼皮表带，折叠式表扣，防水50米。

Pontos Decentrique GMT

装配自动机芯，Cal. ML 121，偏心时、分、秒针指示和第二时区的日夜指示，日期指示，钛金属表壳，蓝宝石水晶镜面，鳄鱼皮表带，防水50米，限量500只。

美度表 MIDO

1918年于Solothurn成立的MIDO，以物超所值的品质迅速打下江山。至今依旧坚持着“原创设计、实用功能”两大概念为设计主轴，见证着时代历史的发展。

2006年，MIDO依旧不改其风格，坚持以精准的计时、精致的设计及合理的价格提供给消费者最物超所值的入门机械表。以罗马竞技场为概念，尽可能展现最宽广的面盘空间，凸显更清楚的阅时性的All Dial系列，推出系列首度出现，让表款实用功能涵盖更广的All Dial GMT两地时间腕表。以小提琴优美曲线为设计灵感的Baroncelli表款，今年问世届满30周年，自然也推出纪念表，以同样的极简但强烈的风格，演绎着高雅贯穿时代的美学。上世纪40年代问世的Multifort表款，今年也推出了新款Multifort Lady，表盘中间做工细腻的放射状波纹，在耐用精准的前提下，呈现优雅女性华而不奢的低调美感。

Multifort Lady

ETA 2671自动机芯，40小时动力储存，时、分、秒指示，日期显示。不锈钢表壳，MIDO专利Aquadura软木塞防水密闭系统。防水50米。

All Dial GMT 两地时间表

ETA 2893-2自动机芯，40小时动力储存，时、分、秒指示，日期显示，24小时制第二时区指示。不锈钢表壳。防水100米。

Baroncelli 38mm 30周年纪念表

ETA 2824-2自动机芯，40小时动力储存，时、分、秒指示，日期显示。不锈钢表壳，MIDO专利Aquadura软木塞防水密闭系统。防水50米。

MONTBLANC 万宝龙

当一个品牌存在的时间，正式迈入以世纪为计算单位的时候，丰厚悠远的历史、传统只是其得以屹立时间洪流的基础，如何在固有的成就中反思、酝酿、蜕变进而开创新局，才是百年巨擘所展现的大气度。今年适逢创立百年的MONTBLANC，早在跨越一世纪的门槛之前即以此为品牌精神，使其六角星芒绽放如钻石般的璀璨光芒。

一段穿越巍峨峻岭的旅程，成就一个精品世界工艺传奇的诞生。MONTBLANC万宝龙1906年于德国汉堡以生产钢笔的事业崛起，专门生产品质精良的书写工具。1910年，创办人之一的Mr. Claus-Johannes Voss在一次穿越欧洲最高峰——白朗峰（Mont Blanc）的旅程中，深深为峰顶壮阔的气势及高耸的景致所震慑，因而于1913年决定将公司更名为MONTBLANC，并将俯视峰顶皑皑白雪时所呈现的瑰丽雪景，转化成六角白星标志，从此精品领域中象征工艺与质感的明星开始绽放光芒，并传承着欧洲第一高峰般的极致工艺。

1924年，万宝龙推出了Meisterstück大班系列笔款，投注以无数的心血智慧，经过一百多个步骤纯手工精制而成，无论在材质、设计、工法及品质的要求，都采取极为严苛的标准力求达到尽善尽美，以精致的手工与隽永的设计为“顶级书写工具”确立全新的典范，并在世界各地获致极大的成功，也因此造就了万宝龙书写工具如艺术品般的隽永价值。

秉持同样的精神，万宝龙将版图延伸至精品领域，包含皮件、饰品、珠宝及配件等，更于1997年在瑞士Le Locle成立Montblanc Montre S.A.制表厂，正式推出“Meisterstuck腕表系列”进军百家争鸣的钟表世界。万宝龙每只腕表都遵循了瑞士传统的制表工艺，在Le Locle制表厂以手工的方式打造并组装完成，融入现代与典雅兼具的设计风格，展现万宝龙工艺与设计的品牌精髓。发展至今，万宝龙旗下的腕表已经陆续发展出Profile、Summit、Star、Sport以及最新的TimeWalker五大系列，以丰富的款式满足所有追求品位的精英人士，更在国际市场上获得广大的肯定。

适逢今年创厂100周年，万宝龙以工艺、设计、质感与对完美的执着，创造出隽永的书写工具与具象时间的时计，百年的传世经典的价值，正与其六角白星的光芒遥相呼应。

↓万宝龙表厂融合古典与现代的建筑风格，传达出时尚与经典兼容并蓄的意念。

百年纪念系列

在欢庆品牌创立一个世纪的当下，MONTBLANC万宝龙当然毫不吝惜地将所有的独门绝技以最完美的姿态呈现给全世界的爱好者，同时也昭告MONTBLANC将以不断精进的工艺与独到的艺术品位迈向另一个世纪。为了纪念这一个重要而别具意义的日子，MONTBLANC特别推出多款百周年纪念创作，已成为“名笔”代表的MONTBLANC，当然以已臻天工的巧艺呈现令人赞叹的百年纪念书写极品。而同样令人激赏的时计创作，MONTBLANC亦推出多款限量纪念表，展现其演绎时间的腕表精湛工艺。

明星万年历两地时间计时表限量系列

今年适逢创厂百周年，万宝龙自然以最早诞生的明星系列作为欢庆的最佳展演舞台，其中最受瞩目的则是限量明星万年历两地时间计时表系列。此系列不仅具备一般时计功能，并拥有符合商务人士需求的GMT两地时间显示，以及彰显制表工艺的大复杂万年历功能，可精准运作达百年之久。内部装配自动上链机芯更拥有C.O.S.C.天文台认证，而全新设计的安全锁表冠确保调校第二时区时间及日历时准确无误。明星万年历两地时间计时表备有18K白金、18K黄金及玫瑰金材质，各限量100只；而装置镂雕摆陀的铂金材质全球限量3只，以作为对三位创始人致敬的献礼。

此外，明星系列亦推出两地时区计时限量腕表，并以创厂年份1906作为限量数字，别具意义。

明星两地时间计时表

不锈钢材质，自动上弦机械机芯，时、分指示，计时、两地时间功能，日期显示，不锈钢链带，表冠镶有六角星钻。限量1906只。

明星万年历两地时间计时表

18K白金、18K黄金及玫瑰金材质，自动上弦机械机芯，时、分指示，计时、两地时间、万年历功能，搭配鳄鱼皮表带，表冠镶有六角星钻。各限量100只，铂金款限量3只。

MONTBLANC 万宝龙

侧影优雅女装镶钻限量腕表

侧影优雅女装钻石表限量系列为顶级女士珠宝腕表奠定华丽绝美的全新典范。其中只生产3只的限量系列，一款以18K白金方形表壳及表带镶嵌794颗顶级威赛尔顿 (Wesselton) 圆钻及长方钻，共重9.85克拉，凝聚镶嵌及制表工匠超过1000小时的心血；第二款镶嵌4.21克拉圆钻及7.14克拉长方红宝石；最后一款镶嵌4.21克拉钻石及6.99克拉蓝宝石。此外特殊的表盘设计将钻石罗马数字由珍珠贝母表盘向表圈伸展，不仅展现特出的视觉之美，更为腕表添加一份华丽尊贵的气派。

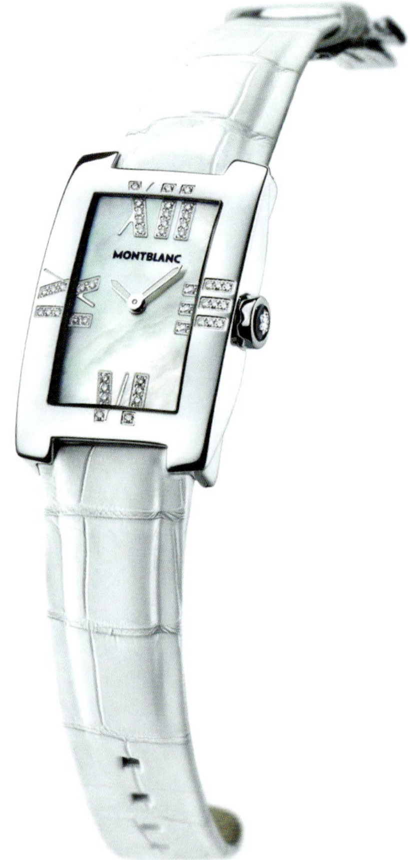

侧影优雅女装镶钻限量腕表

不锈钢镶钻表壳，装配石英机芯。时、分指示。白色珍珠贝母表盘，钻石刻度。蓝宝石水晶玻璃表镜。表冠镶嵌一颗万宝龙星形钻石。 防水深度30米。限量生产1906只。

侧影优雅女装镶钻限量腕表

（红色）

18K白金材质，装配石英机芯。时、分指示。共镶嵌628颗VVS级钻石(4.21克拉)及136颗长方切割红宝石 (7.14克拉)。蓝宝石水晶玻璃表镜，白色珍珠贝母表盘镶嵌30颗钻石，表冠镶嵌一颗万宝龙星形钻石。 防水深度30米。限量生产3只。

（白色）

18K白金材质，装配石英机芯。时、分指示。共镶嵌794颗顶级威赛尔顿 (Wesselton) 圆钻及长方钻，共重9.85卡。蓝宝石水晶玻璃表镜，白色珍珠贝母表盘镶嵌30颗钻石，表冠镶嵌一颗万宝龙星形钻石。 防水深度30米。限量生产3只。

（蓝色）

18K白金材质，装配石英机芯。时、分指示。共镶嵌镶嵌4.21卡钻石及6.99卡蓝宝石。蓝宝石水晶玻璃表镜，白色珍珠贝母表盘镶嵌30颗钻石，表冠镶嵌一颗万宝龙星形钻石。 防水深度30米。限量生产3只。

六角星芒幻化动人钻石

万宝龙这款已申请专利注册，具有43瓣切割的Wesselton（威赛尔顿）钻石，其最初的创意发想早在八年前就已萌芽，在不停琢磨与考量该如何切割才能让钻石既具有品牌辨识度，又能展现本身钻石的光芒并与品牌相互辉映的原则之下，最后以六角星的特殊车工方式，将六角星形钻石展现于世人面前。而在所有推出的百年纪念系列中，不论是表款或是墨水笔，更将此独一无二六角星形钻石镶饰于笔盖或表冠上，可说是为MONTBLANC百周年为大家带来最特殊的献礼。

MONTBLANC独创的43瓣切割Wesselton（威赛尔顿）六角星钻石，历经八年不停琢磨与考量之下，最后以六角星的特殊车工方式，将六角星形钻石展现于世人面前。

钽金属限量运动表

万宝龙旗下另一款极受欢迎的Sport运动系列，则以稀有的以钽金属作为表款材质的运用，推出钽金属运动限量表。此款限量100只的钽金属自动上链运动表，乃是专为向深海极限的挑战而设计，具有1906米深的超强防水功能，不仅能够满足专潜水人员的需求，特殊材质的运用与阳刚粗犷的外观设计，更是个性极富冒险精神，勇于挑战自我的运动爱好者，彰显自我风格的最佳运动腕表。

钽金属自动上链运动表以坚硬稀有、比钢硬两倍的蓝黑色钽金属制造，钽的质地十分坚硬，硬度可以达到6-6.5，熔点高达2996℃，并具有非常出色抗腐蚀性，将钽放入200℃的 硫酸中浸泡一年，表层仅损伤0.006毫米。由于钽金属具有上述特性，因此制作相当困难，但也因拥有坚固耐用、抗腐蚀、抗压力及抗拉力的特性，所以Sport钽金属限量运动表的排氦阀能达到超高防水标准，可达1906米，而此深度亦恰好与万宝龙创立年份呼应。

此外，Sport钽金属限量运动表内部装配C.O.S.C.瑞士官方天文台认证自动上弦机芯，腕表的外型设计散发刚阳动感气息，亮泽的深蓝色表壳及旋转表圈与黑色表盘、夜光数字及日历形成鲜明对比，充满豪迈气质的黑色橡胶表带为整个设计增添绝佳的运动风格。

钽金属限量运动表

钽金属表壳，自动上弦机械机芯，时、分指示，日期显示，10点钟排氦装置。橡胶表带，表冠镶有六角星钻。防水1906米，限量100只。

MONTBLANC 万宝龙

2006年全新款式

虽然今年万宝龙为庆祝百年诞辰所推出的限量纪念款式引起大众无限赞叹，但是2006年全新款式依旧是时尚人士追捧的亮点，毕竟这些散发时尚气息的腕上配件，才是平日佩戴时不可或缺的品位呈现。

运动系列两地时间计时表

万宝龙男性腕表以多变的风采，彰显现代男性不再甘于呆板的多样面貌，融合古典、现代与运动等多重面貌全新演绎时尚男子的独特气质。Sport系列以强烈的运动风格为诉求，以强大的机能性与精湛的工艺满足所有喜好户外活动表迷的需求。高达200米的防水深度是全系列表款的基本要求，功能上则备有计时、旋转式表圈及两地时间等多样且实用的功能，加上阳刚大器的外型，无论从事户外活动或是平时佩戴都是眼光独到的选择。

运动系列两地时间计时表

不锈钢材质，自动上弦机芯。时、分、小秒针指示，计时功能，日期显示。蓝宝石水晶玻璃表镜，鳄鱼皮表带，防水200米。

时光行者系列计时表

时光行者系列在万宝龙赋予空间美学的设计概念之后，具体成像出时间的样貌，也令时光行者系列充满后现代建筑风格的冷静意象。犹如建筑结构简练又精准呈现下，大方利落的外形与内敛沉稳的质感，搭配风格独特的镂空式表耳，以及表冠及表耳螺丝上的六角白星标志，黑与白在精钢表壳冷冽色泽的辉映下，流露着现代男性低调却蕴含优雅内在的绝佳风范。

时光行者系列计时表

不锈钢材质，自动上弦机芯。时、分、小秒针指示，计时功能，日期显示。蓝宝石水晶玻璃表镜，不锈钢链带，防水30米。

明星系列两地时间计时表

Star明星系列为万宝龙最早诞生的腕表系列，更是一举奠定万宝龙在表坛一席经典之地的代表作。秉持制表工艺传统，明星系列被挹注以典雅洗练的悠然氛围，钜细靡遗的工艺孕育出经典传世的名家风范，正如象征万宝龙极致工艺的六角白星，闪耀永恒的光芒。

明星系列两地时间计时表

不锈钢材质，自动上弦机芯。时、分、小秒针指示，计时、24小时两地时间功能，日期显示。蓝宝石水晶玻璃表镜，鳄鱼皮表带，防水30米。

明星系列月相女装腕表

明星系列今年最新的女装腕表以典雅的纯白体现女性的婉约之美，而珍珠贝母面盘的动人光泽、闪耀的钻石时标与位于10点钟的皎洁月相，则相互辉映出女性明亮动人的光华。此外此款女装腕表内部装配自动上弦机芯，不仅是万宝龙制表工艺的展现，更是对于女性相容并蓄的丰富内涵所致上的礼赞。

明星系列月相女装腕表

白金表壳，自动上弦机芯，时、分、秒指示，月相显示，日期指示，珍珠母贝面盘，钻石时标。蓝宝石水晶玻璃表镜，白色鳄鱼皮表带。防水30米。

侧影时尚系列

在万宝龙腕表系列一向以圆形为主的表款中，四方造型的侧影时尚显得格外突出且别具摩登气息。侧影时尚的设计采用多元化的设计元素，材质从实用功能的不锈钢、丰富变化的多彩表带材质到18K金材质所散发的尊贵质感，可以满足所有女性的需求。表背线条采用流畅的弧形设计，让腕表能更适切的服贴于腕上。侧影时尚系列腕表以出色的外型与绝佳的设计质感，开拓新时代腕表的新视野。

今年全新的款式则以独特且时尚的黑白色系格纹布料为表带材质，带出今年时尚圈最流行浓浓的复古风情，更成为最抢眼的服装配件。另一款18K金材质的侧影时尚女装腕表，则呈现出另一种华丽尊贵的风貌。

侧影系列18K金女装时尚腕表

18K金材质，石英机芯，时、分指示。蓝宝石水晶玻璃表镜，18K金链带。防水30米。

侧影时尚系列

不锈钢材质，石英机芯，时、分指示。蓝宝石水晶玻璃表镜，黑白两色布料或黑色皮料表带以供选择。防水30米。

MOVADO 摩凡陀

永动不息，是时间还是艺术？在摩凡陀的字典里艺术与时间是并列的，永恒的，同时也是运动的，永动不息的。2006年，摩凡陀依然延续着其经典的设计风格，以中心的太阳圆点为标志，整个面盘以时针和分针静静的流动揭示着时间的前进步伐。其中Safiro于表圈内侧镶嵌一圈钻石花边，似颈上的项链般为黑白鲜明的整体配上了闪烁简约的装束。Ono的娇俏全然在于一圈连一圈的结构中，以钻石表圈为起点，每一个表链的圆圈中皆以一颗镶嵌圆钻的柱形立体圆点点缀，活跃了整只腕表所营造出的优雅气氛。

Safiro

石英机芯，时、分指示，不锈钢表壳，黑色博物馆表盘，表圈镶嵌一圈圆钻，不锈钢表带，防水30米，

ONO®

石英机芯，时、分指示，不锈钢表壳，直径36mm，白色珍珠贝母或黑色博物馆表盘，不锈钢表链，防水30米。

NHC

Avvent'Ora腕表

装配自动机芯，时、分指示，漫游跳时显示，12个小时刻度饰上不同国家图案，不锈钢表壳，黑色表盘，黑色真皮表带。

Fly'Ora腕表

装配自动机芯，时、分指示，漫游跳时显示，12个小时刻度皆饰上不同色彩的蝴蝶标记，蓝色表盘，不锈钢表壳，蓝色真皮鳄鱼表带。

2004年，由制表鬼才Mr. Vincent Calabrese创立的NHC首度问世，崭新的机芯结构与设计，紧抓世人目光。今年，NHC挥神笔，把漫天飞舞的蝴蝶引进到表盘上，推出Fly'Ora。当每小时的时间徐徐逝去之际，不同颜色的彩蝶会随之交替，诉说着生命的精彩繁盛。

另外一款Avvent'Ora，利用12个不同国家的代表图案当作腕表时标，让佩戴者在1天内体现一段跨文化的视觉旅程。1点钟从印度出发，来到2点的阿拉伯世界，11点钟你被安排去瑞士，看看随处可见的十字标记。2006年NHC全新作品，不仅呈现Vincent Calabrese扎实的制表技艺，也传达不落窠臼的新颖概念。

ORIS 豪利时

源于ORIS运动味十足的特点，今年推出一款防水2,000米的潜水表。厚实的钛合金表壳、排氦气阀、单向旋转表圈，确保腕表能抵抗深达2,000米的水压而安全无虞；黑色波纹表盘与夜光时标，在阴暗的漆黑海底也能清楚辨认时间，且无须工具即能延长的表带与安全带扣，无论平时佩戴或身着潜水衣都很方便。

身为F1威廉姆斯车队（Williams F1 Team）的官方合作伙伴，ORIS每年都会制作威廉姆斯车队纪念表款。今年由ORIS一级方程式赛车系列中撷取灵感，推出2006年限定发表的星期日历表，彩色数字时标巧妙地搭配黑色两片式表盘，展现出赛车运动的利落美感。

卡洛斯潜水限量表

自动上链机芯，时、分、小秒指示，日期显示。钛合金表壳，不锈钢表冠。防水2,000米。限量2,000只。

ORIS Williams F1 Team 日历星期表

自动上链机芯，时、分、秒指示，日期、星期显示。多片式不锈钢表壳。黑色F1垂直轮胎压纹橡胶表带，或金属链带。防水50米。

PORSCHE DESIGN

不仅限于PORSCHE DESIGN所形绘出的外在吸引力，腕表本身的功能与创意也是其所强烈诉诸的重点。去年所发表的Indicator腕表，为世上第一只以数字显示计时码表功能，且数字盘的启动仅需不到0.2秒，并且在按下Reset按键时瞬间归零，其首创的惊人功能，由830枚零件组成，所以制表师必须连续组装45天才能完成，堪称是当今表坛最复杂的量产手表（每年限量50只）。

2006年，PORSCHE DESIGN乘胜追击地推出全新Flat Six系列，设计概念源自于Porsche奠定全球声誉地位的Boxer水平对卧式六汽缸引擎，其为一组六个水平对称排列、活塞反覆来回运动的引擎汽缸。Flat-Six在表壳翼侧采用了水平对卧式引擎的元素，而在机芯自动盘的部分更采用Porsche911合金轮圈设计，这些设计皆是根据Porsche跑车的传统元素并加以重新演绎而成。而面盘的设计则把Porsche的转速表刻度运用于在计时码表积算盘上，让整只腕表风格更精准传达出Porsche跑车的风貌。

Flat Six P6340计时码表

Valjoux7750自动上链机芯，动力储存 46小时，计时功能，日期、星期显示，不锈钢表壳与链带，防水120米。

Indicator计时码表

自动机芯，中央计时秒针，3点钟位置世界首创计时码表数字显示窗，6点钟动力储存指示，钛金属表壳，蓝宝石水晶镜面及底盖，橡胶表带，防水50米。

OMEGA 欧米茄

随着品牌独门的同轴擒纵系统陆续装配于旗下各系列腕表之中，殴米茄将对于追求精准时间的理念以一只只精准腕表具体呈现，更展现其对于完美时间的执着。此外，珠宝腕表的创作与诞生，更是展现欧米茄于工艺之外令人惊艳的美学功力。

从去年起，OMEGA便不断有新作品显示将要向更顶级、更精致的华丽珠宝表款迈进的决心。果然今年欧米茄陆续多出多款引人注目的珠宝腕表作品，但特别的是，并非如去年特别推出新的款式，而是将旗下装配有同轴擒纵系统的多个系列表款镶上顶级美钻，如推出镶钻版碟飞同轴擒纵Platinum Ice双追针计时表、海洋宇宙橙色系列镶钻Orange Mécanique机械表以及镶钻X2 碟飞系列同轴手表等，每一系列腕表不仅搭载欧米茄独有并引以为傲、具有强大精确度的同轴擒纵系统，更在外观上以耀眼绝美顶级钻石与多色彩宝相互呼应，创作出令人激赏的腕上华丽时计。女表部分则被欧米茄赋予更为优雅华丽的特质，新款星座桶形Quadrella系列推出多种颜色艳丽的表带，完美展现华丽迷人风采。而另一款全新推出的星座“彩虹女神”IRIS腕表，则以18K红金材质呈现出女性独特的优雅气质，搭配夺目瑰丽的宝石更显华贵。Stars & Snow女表，则是以碟飞同轴 X2大日历为基础，白金表壳加上12点位置钻石组成的X2字样，搭配洁白的面盘及表带，正如星光映照雪地，令人迷醉。

Platinum Ice 碟飞同轴追针计时铂金钻表

继去年推出兼具工艺与美感的碟飞同轴追针计时腕表，欧米茄再度展现其独特的美学造诣，结合切割完美、晶灿华丽的方钻，尊贵的铂金材质以及湛蓝无比的蓝色珍珠贝母，创作出Platinum Ice碟飞同轴追针计时铂金钻表，以更华丽的风貌惊艳登场！

Platinum Ice碟飞同轴追针计时铂金钻表保留了抢眼的的表盘设计，别具特色的重叠式计时盘、三日同显的大日期视窗与彰显制表工艺的双追针计时功能依旧引人注目，但是令人屏息的焦点在于面盘以湛蓝如海水的珍珠贝母制作，闪耀着炫人光芒，同时计时盘也以白色珍珠贝母相互辉映，搭配着镶嵌于铂金表壳上切割比例绝美的夺目方钻，贴切地演绎了非凡的王者气度。同时，内部机芯装配了欧米茄独家专利的同轴擒纵技术与著名的追针计时装置两相结合，精准可靠的内在与尊贵华丽的外观，缔造了顶级豪华运动腕表的全新典范。

铂金材质，OMEGA 3612同轴擒纵自动机芯，C.O.S.C.天文台认证，动力储备52小时，时、分、小秒针指示，追针计时功能，日期显示，珍珠贝母面盘，表圈镶有24颗方钻(4.8克拉)，防眩蓝宝石水晶镜面，透明底盖，真皮表带，防水100米。

海洋宇宙橙色系列Orange Mécanique钻表

2005年欧米茄推出海洋宇宙(Planet Ocean)系列，以时尚设计和超强功能备受世人瞩目，尤以其鲜艳的橙色外观设计、活泼大胆的风格成为注目焦点。今年更延续亮丽的橙色为主题，推出了华丽的镶钻版本Orange Mécanique钻表。海马海洋宇宙橙色Orange Mécanique腕表以特出的华美风格、珍稀宝石镶嵌与精致工艺进一步彰显了橙色主题。在白金表圈镶嵌了闪亮的橙色蓝宝石与方型白钻，与闪耀着深蓝色魅幻光影的黑色珍珠贝母表盘形成鲜明对比，更另整只腕表尽显奢华本色。此外，表圈上镶嵌的长型白色钻石和橙色蓝宝石更有五种搭配可供选择：全橙色蓝宝石；橙色蓝宝石搭配12时、3时、6时、9时位置的钻石镶嵌；12时至3时位置的连续钻石镶嵌（以标识15分钟的潜水时间）；每两颗宝石之间镶嵌一颗钻石；以及12时至3时位置的蓝宝石镶嵌、3时至12时位置的钻石镶嵌。

白金材质，OMEGA 2500自动机芯，C.O.S.C.天文台认证，48小时动力储备。时、分、小秒针指示，日期显示，10点钟排氦装置。防眩蓝宝石水晶镜面，真皮表带，防水600米。

海洋宇宙计时表

除了光灿夺目的华丽镶钻版本，欧米茄海洋宇宙系列同时亦推出了全新成员旋计时表款，让系列功能更为齐备。今年的计时表款内部除了装配同轴擒纵机芯，更装置了顶级计时表所采用的的导柱轮计时装置，令这款专业潜水计时腕表更具强大功能。此外新款海洋宇宙计时表防水深度可达600米，10时位置具排氦气阀门，有助潜水时因水压渗入手表的氦微粒在降压时排出，避免对手表造成损伤。

海洋宇宙计时表与经典海马系列一脉相承，螺旋式底盖上的海马徽章、锯齿边表圈、顺滑的钢表带和表面上对比强烈的颜色，均呈现出海马手表的特点。海洋宇宙计时表备有两种主色调可供选择，其一是以橙色应用于表圈、刻度、小秒针和按钮上；其二则为暗黑色表圈和按钮配全白色字盘。此外，还有以橙色和白色字盘为主调、衬以黑色表圈及按钮的版本。所有海洋宇宙计时表的表壳直径都达45.5mm，大器阳刚，并采用了光面和锻面处理的外壳。

不锈钢材质， OMEGA 3313自动机芯，C.O.S.C.天文台认证，52小时动力储备。时、分、小秒针指示，计时功能，日期显示，10点钟排氦装置，单向旋转表圈。防眩蓝宝石水晶镜面，不锈钢链带或真皮表带，防水600米。

超霸阿波罗15号限量系列

欧米茄超霸Speedmaster腕表的登月表之所以备受瞩目，在于美国阿波罗11号太空船登陆月球的同时，宇航员配备的计时器欧米茄超霸表成为第一也是唯一一只步上月球的腕表。自此，欧米茄超霸表奠立了在人类太空探索的领域拥有卓越的声誉及伙伴地位。为了庆祝阿波罗15号太空任务三十五周年纪念，欧米茄推出结合原本登月表性能并增添现代新计时性能的超霸系列阿波罗15号登月表，并以当年太空任务执行的1971年，饶富意义地只限量发行“1,971”只。为彰显此款限量表的珍贵之处，以及欧米茄全系列表款顶级化发展策略，阿波罗15号登月表在小时刻度、三个计时表盘、表圈以及计时按把上皆采用以18K红金装饰，搭配黑色面盘与黑色铝质测速刻度盘，尽显古典优雅与时尚风格。此外蓝宝石水晶表背上刻有阿波罗15号徽章，三个抽象的飞鸟图案代表了参与阿波罗15号航太任务的三位宇航员旅指挥官David R. Scott、Alfred M. Worden及James B. Irwin。表背还刻有“Apollo 15”和“35周年纪念（35th Anniversary）”字样、限量编号及欧米茄标志。

不锈钢材质，1861手动上链计时机芯，48小时动力储备。时、分、秒指示，计时功能。小时刻度、计时表盘、表圈以及计时按把皆以18K红金装饰。防眩蓝宝石水晶镜面，透明表背刻有Apollo 15 、35th Anniversary字样和限量编号。不锈钢链带。防水50米。

海马詹姆斯·邦德限量版

詹姆斯·邦德以全新动人风采再出江湖。秉承欧米茄海马系列詹姆斯·邦德手表的传统，欧米茄今年推出全新的詹姆斯·邦德精钢限量版，将007的经典元素忠实呈现，让该款腕表成为詹姆斯·邦德腕表中最具超级特工气质的专业潜水手表。

欧米茄007詹姆斯·邦德限量表，不论在表盘或表底盖都明显露出007识别标志，它不仅承袭了海马系列的经典设计，面盘上的螺旋纹压花更是来自于007电影开场时的经典画面。此外，秒针末端还设置有小型007字样，随着时间行走不停地划过湛蓝色的螺旋压花表盘，外加詹姆斯·邦德表款独有的蓝色表圈和字盘，在在凸显此款腕表与007密不可分的关系。同时，这款手表也是第一款配置有先进的同轴擒纵机芯的詹姆斯·邦德手表，并取得C.O.S.C.天文台认证。它还是一款专业潜水手表，能抵抗300米水深的压力，并在10时位置上备有专业的排氦气阀门。此表的螺旋式表冠、螺旋式底盖、设有夜光圆点的单向旋转表圈，以及易读的超大指标，都显示了它超强的专业机能取向。此外，每只腕表底盖上刻有限量版编号，同时也浮雕了一个007枪形标记，完全散发着007詹姆斯·邦德般的无比魅力。

不锈钢材质， OMEGA2500自动机芯，C.O.S.C.天文台认证，48小时动力储备。时、分、秒指示，计时功能，日期显示，10点钟排氦装置，单向旋转表圈。防眩蓝宝石水晶镜面，不锈钢链带，防水300米。

超霸同轴双追针计时表

继去年碟飞同轴追针计时腕表首度采用双追针计时机制并获得极大回响之后，欧米茄今年将该项功能装配于旗下另一经典——超霸系列之中，借由超霸完美融合的古典与运动风格，延续欧米茄同轴追针运动腕表的新篇章。

超霸同轴双追针计时腕表融合实用功能及俊朗外形于一身，流露出动感与复古的气息。正当欧米茄铁霸、海马和超霸等主打系列重寻经典外形精髓之际，其经典所采用的齿状表冠和圆柱形光面按键，重新带回了上世纪50年代的原创表款的风貌。

超霸同轴双追针计时表共有两种表盘设计，银色表盘搭配黑色计时器或黑色表盘搭配银色计时器，搭配经典的阔箭形时、分指针，令计时或时间显示都可清晰判读，中央秒针则可读取精准达1/8秒的时间，同时在6时位置配备了日期显示窗。

不锈钢材质，OMEGA 3612同轴擒纵自动机芯，C.O.S.C.天文台认证，动力储备52小时。时、分、小秒针指示，追针计时功能，日期显示。防眩蓝宝石水晶镜面，不锈钢或真皮表带，防水100米。

星座双鹰系列18K红金计时表

计时码表之所以享有历久不衰的人气，主要原因在于它是比一般机械表更富魅力的“复杂结构”，之所以如此称呼，是因为制作这样一只腕表，需要运用到更多的设计心血、零组件和高精密的制表技术。

全新星座双鹰计时表即是完美的散发出计时表动人魅力的最佳例证。内部装配欧米茄3313机芯，本身就是计时码表当中的“复杂结构”，不仅配备了欧米茄独家的同轴擒纵装置，同时也具备了导柱轮计时码表装置。而外观设计更以18K红金搭配雅致内敛的黑色调，展现出罕见的典雅运动风格，不仅成功地糅合传统星座系列的特点与时尚设计，更被成功演绎着经典融合现代的新腕表风貌。

18K红金材质， OMEGA 3313自动机芯，C.O.S.C.天文台认证，55小时动力储备。时、分、小秒针指示，计时功能，日期显示。防眩蓝宝石水晶镜面，橡胶表带，18K红金折叠表扣。防水100米。

OMEGA 欧米茄

碟飞X2大日历腕表

X2的命名，取自欧米茄将数字时标以阿拉伯及罗马数字结合的创意，其中12点钟数字即为X2，而大日历视窗亦采用同样设计，成为X2腕表最为迷人的标记之一。表面设有立体打磨小时刻度及欧米茄标志，表盘配以车轨形状的分钟刻度及日历显示，大日历显示窗框内，以双重显示片组合而成，使日期显示清晰可见。而18K红金材质表壳并经锻面打磨，与边缘的抛光处理产生强烈的质感对比，搭配黑色面盘更为其增添高贵典雅的气质。此外，欧米茄更于设计上极尽心思，特别在底盖刻上希腊时间之神Chronos图案及传奇的“X2 Co-Axial Escapement”字样，尽显手表的完美无瑕。

X2采用了欧米茄2610自动上链机芯，获瑞士天文台C.O.S.C.认证，内置欧米茄专有的同轴擒纵系统及自动上链装置。完美的稳定性使此款手表经长时间运作仍准确无误，堪称一款品质绝佳的天文台表。

18K红金材质，OMEGA 2610同轴擒纵自动机芯，C.O.S.C.天文台认证，48小时动力储备。时、分、秒指示，大日期显示。蓝宝石水晶镜面，真皮表带，18K红金表扣。防水50米。

碟飞 Stars & Snow

欧米茄今年于X2系列中所推出的另一款最新力作，则以雪白的设计基调带出了洁白无瑕的清新感受，是欧米茄呈现给典雅女士的最新礼赞。以白金为材质所制作的表壳闪耀尊贵光芒，加上12点位置由38颗钻石组成的X2字样，以及表冠上的华丽美钻，都与洁白的珍珠贝母面盘完美辉映。搭配精选的白色鳄鱼皮表带及白金折叠式表扣，整只腕表焕发着脱俗清丽之美，正如星光映照雪地般地令人迷醉。此外，表背亦刻铸有“X2 Co-Axial Escapement”及“Stars & Snow”字样，以及希腊时间之神Chronos的图案徽章。

白金材质，OMEGA 2610同轴擒纵自动机芯，C.O.S.C.天文台认证，48小时动力储备。时、分、秒指示，大日期显示。12时位置X2字样镶嵌38颗钻石（共0.05克拉），表冠镶嵌钻石，蓝宝石水晶镜面，白色鳄鱼皮表带，白金表扣。防水50米。

碟飞巧克力镶钻计时腕表

欧米茄巧妙结合瑞士两大代表产业：腕表与巧克力，推出“巧克力”碟飞系列女性钻表，以甜蜜的巧克力搭配闪烁钻石，衬托女性甜美动人的时计风采。

此款配备欧米茄同轴擒纵计时码表机芯的巧克力Chocolate计时码表，材质分别采用抛光18K红金或不锈钢两种材质，面盘都以巧克力色做为视觉的设计主轴，表壳直径35mm，特别适合东方女性手腕佩戴。在巧克力色表盘上设置醒目的椭圆形浅红棕色珍珠贝计时、分器与小秒针盘，搭配镶上美钻的表圈，将整只腕表衬托得格外闪耀动人。瑞士巧克力的浓纯品味和欧米茄精准时计的工艺相互辉映，完全展现了欧米茄女性最纯正奢华的感触。

18K红金或不锈钢材质，OMEGA 3313同轴擒纵自动机芯，C.O.S.C.天文台认证，55小时动力储备。时、分、小秒针指示，计时功能，日期显示。珍珠贝母计时盘，表圈镶有华丽美钻，防眩蓝宝石水晶镜面，真皮表带，防水100米。

18K红金材质，石英机芯，时、分指示。表圈及表冠镶有华丽钻石，白色珍珠贝母表盘，小时刻度镶以彩色宝石，防水30米。限量发行1，895只。

Iris彩虹女神18K红金限量腕表

欧米茄专为女士设计的星座系列手表问世已有十余年，其经典隽永的“表情”风靡无数名媛仕女，也展露女性无尽的妩媚风情。欧米茄为庆祝进入中国市场111周年及其名人大使暨国际影星妮可·基德曼首次到访中国，以今年全新的星座彩虹女神Iris系列为蓝本，推出“彩虹女神”腕表限量版腕表，并特别为联合国妇女发展基金会（UNIFEM）捐款。

“彩虹女神”18K红金限量版腕表以绚丽的宝石、珍珠贝壳表面和钻石表圈，散发出如彩虹般的闪烁光芒。白色珍珠贝壳表盘镶上蓝色、粉红、黄色宝石，再加上石榴石、红宝石和绿宝石，营造出彩虹色彩的效果。表圈共镶有30颗钻石，表圈上3时和9时位置共有4个托爪紧紧相扣，而表冠上更镶有椭圆形钻石，整只腕表散发绚丽多彩的光芒，衬托女性典雅的气质。

星座Quadrella系列

欧米茄星座酒桶形Quadrella系列于2006年推出的新作以多种颜色艳丽的表带，完美展现Quadrella的华丽迷人风采。全新表带有苹果绿、冰蓝色、白色及红色可供选择，配以镶嵌宝石的小时刻度及闪亮的珍珠贝壳表面，为夏季带来无限动感与活力。表壳上配有镶满晶灿钻石的四只托爪，每一个弧形托爪上都镶有12美钻，迷你型的托爪上则共镶有15颗美钻。此外，面盘上以两种不同大小的罗马数字时标搭配镶嵌红宝石、绿宝石、蓝宝石及橙色宝石，在闪亮珍珠贝母面盘的辉映下表面，突出女性的柔美并充满个性色彩。

不锈钢材质，石英机芯，时、分指示。托爪镶有华丽钻石，白色珍珠贝母表盘，小时刻度镶以彩色宝石，彩色鳄鱼皮表带。防水30米。

PIAGET 伯爵表

PIAGET伯爵今年以全新的自制机芯及惊人的创意向世人昭告其130多年的制表实力，在传统与创新间取得平衡。

1874年以来，PIAGET伯爵即以瑞士侏罗山区的La Côte-aux-F'ees为起点，努力不懈地致力自制机械机芯的研发及生产，而此举让伯爵在瑞士顶级制表历史留名，荣列“专业制表厂”之名。

除了拥有精湛卓越的工艺外，伯爵大胆创新的设计风格，成就品牌叱吒珠宝设计和腕表工艺这两个区块的风云。借由腕表中所装配的伯爵专用自制机芯，伯爵名符其实地在顶级腕表制作领域中，扮演着“全方位的腕表制造商”的主要角色。

伯爵为了能在腕表上将各式的宝石完美地呈现出来，却又不希望腕表显得笨重、厚实，因此致力研发超薄机芯。伯爵努力不懈地于机芯方面的发展，并研制出全世界第一只手动上链超薄机芯及荣登金氏世界纪录的12P全球最薄的自动上链机芯，更成了少数具有的“顶级珠宝商”和“专业制表厂”双面特质的专家。

今年，伯爵则发表了四款自制机芯850P、608P、800P与450P，并搭配推出多款腕表作品，无论在制表专业领域里或是就珠宝工艺面，皆展现出伯爵的不凡风范与伯爵诠释时间多面化的具体实现。

Emperador Coussin

丰硕成就开枝散叶，精神、传统一脉相承，新款伯爵850P机芯，遵循品牌自建立以来的专业与热诚，从研发、制作到生产不假他人之手，都在伯爵精密的制表厂房内完成。Emperador Coussin大型表款装配这枚代表全新世代的自动上链机芯，方圆并济，几何图形的线条撷取完美的平衡比例，以古典而流畅的造型带出一贯的优雅风格，在镀银面盘上具有时、分指示，小秒盘，更配备极为实用的两地时间与大日历显示，表盘中央机刻grain d'orge饰纹，以尺寸12法分、厚度4mm的机芯幅面，装配双发条盒，动力储存达72小时，并将振频调节至传统制表的频率规范21,600次/小时，双向上链自动盘更铭刻伯爵徽饰，以美学呼应着功能性，回应新世纪的使用需求。

Emperador Coussin

装配伯爵制850P自动上链机芯，动力储存约72小时，时、分指示，小秒盘，第二地时区，日期视窗，玫瑰金表壳，镀银面盘，表盘中央grain d' orge机刻饰纹，咖啡色鳄鱼皮表带，18K玫瑰金折叠式表扣。

伯爵制850P自动上链机芯

机芯厚度：4mm
宝石数：30石
振频：21,600vph
动力储存：约72小时

Polo Tourbillon Relatif 腕表

伯爵Polo Tourbillon Relatif腕表，遵循着伯爵只用贵金属为材质的传统，表壳、阿拉伯数字和时刻皆以18K白金打造，表壳内装置伯爵制608P手动上链陀飞轮机芯，将陀飞轮移至镀银的表盘上，以表盘上的分针轴心为中央，每小时为旋转单位运行一周，而陀飞轮框架则旋置于分针末梢，随着框架轴心，以每分钟为单位旋转一周，赋予陀飞轮更宽广的运动空间，创意和机械工艺的表现都令人激赏。

跳脱传统陀飞轮的思维，将陀飞轮悬空，装在分针末端，进行公转。

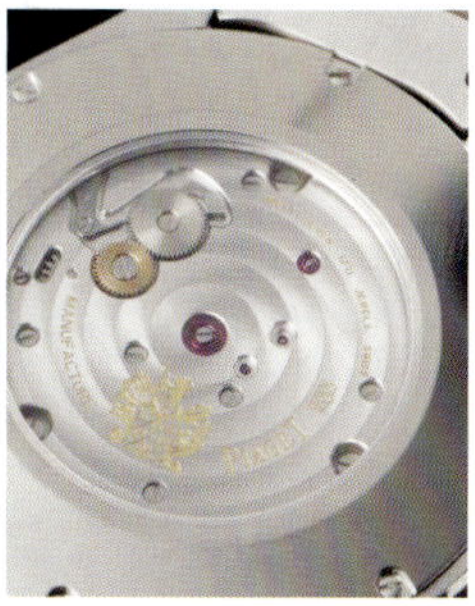

抛光打磨的细腻机板，镌刻着金色伯爵表徽章和标志、Manufacture字样。

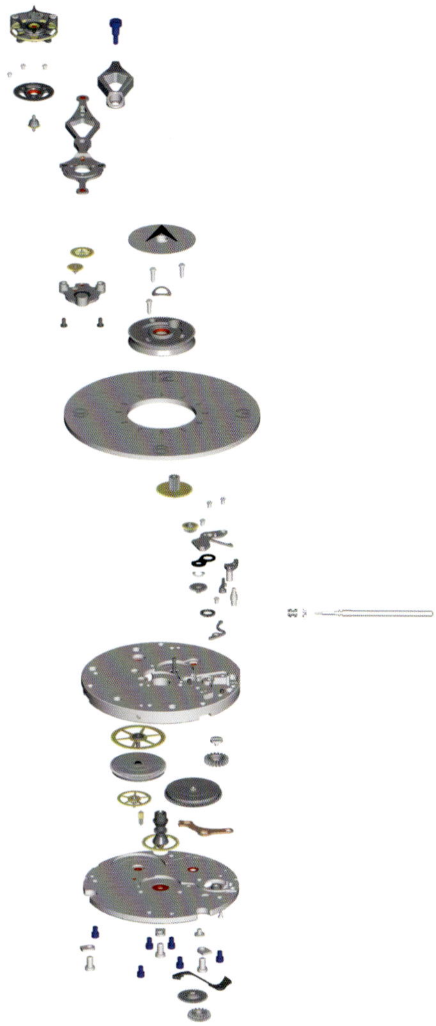

伯爵制608P手动上链陀飞轮机芯

机芯厚度：3.28mm
宝石数：27石
振频：21,600vph
动力储存：约70小时

Polo Tourbillon Relatif 腕表

装配伯爵制608P手动上链陀飞轮机芯，动力储存约70小时，时、分指示，18K白金材质表壳和折叠式表扣，黑色鳄鱼皮表带。

PIAGET 伯爵表

PIAGET Polo

于上世纪80年代所推出的PIAGET Polo系列，自推出以来历经时光更迭与改款，始终深得男士们的青睐。

今年更装配了由伯爵全新研制的800P自动机芯，为这经典系列附加了历史性的新意义，这枚机芯最为特殊的是采用了螺丝摆轮使，其运转时增加了几分古意；另外，双发调盒的装置除了使这款表具有近72小时的动力储存外，也可分散过大的发条扭力，而这枚机芯的双向上链系统也相当特别，以一拉一推的方式将发条上满链具有更佳的上链效果。

外观设计上，位于六点钟的大日期可以同时显示三天的日期，不论在视觉上或功能上，都有更具意义的改变，为平衡大日期视窗在面盘上的视觉比例，时刻巧妙地仅将12、4、8时以罗马数字呈现，使表款更为经典大方且稳重。

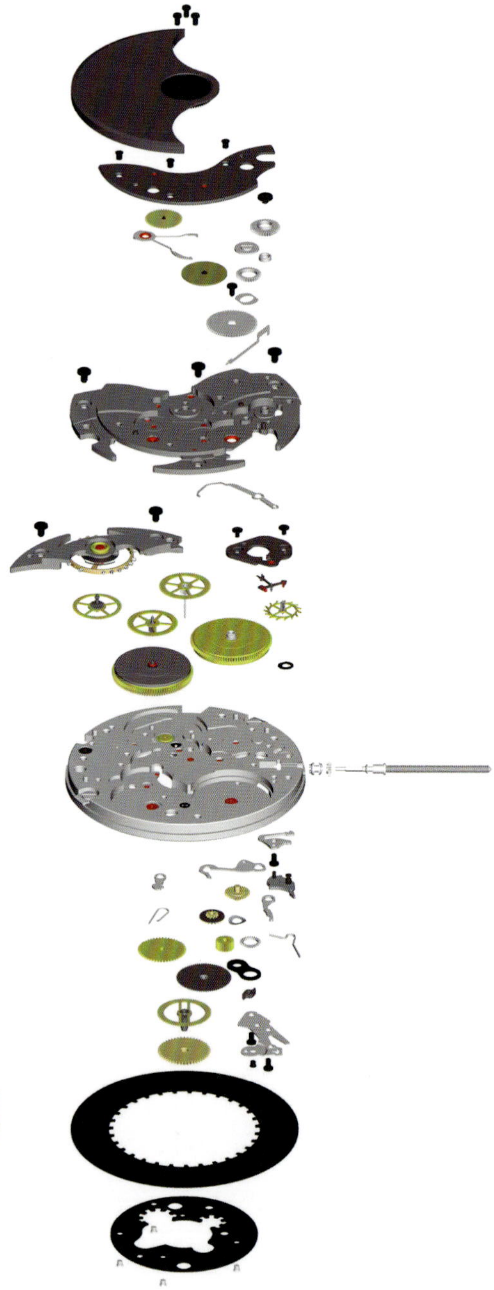

伯爵制800P自动机芯

机芯厚度：4mm

宝石数：25石

振频：21,600vph

动力储存：约72小时（双发条盒）

PIAGET Polo/GOA31040

装配伯爵制800P自动上链机芯，动力储存约72小时，时、分、秒指示，大日期显示，黑色鳄鱼皮表带，18K白金折叠式表扣。

Altiplano 腕表

而伯爵Altiplano系列中，18K白金表壳内装配着伯爵制超薄450P超薄手动上链机芯，厚度仅有2.1mm，每小时振频达21,600次，展现品牌经典的制表技术。此表的表圈镶嵌72颗明亮式切割美钻，配上白色珍珠母贝表盘，显得十分高贵、华丽，特殊设计的阿拉伯数字时刻，在圆形的表盘上，任时刻由小到大到小的游走，座落10点钟位置的小秒针表盘，外圈再添置28颗美钻，更显出设计的巧思，搭配白色绢质表带和白金针扣。另有玫瑰金材质和米黄色绢质表带可供选择。

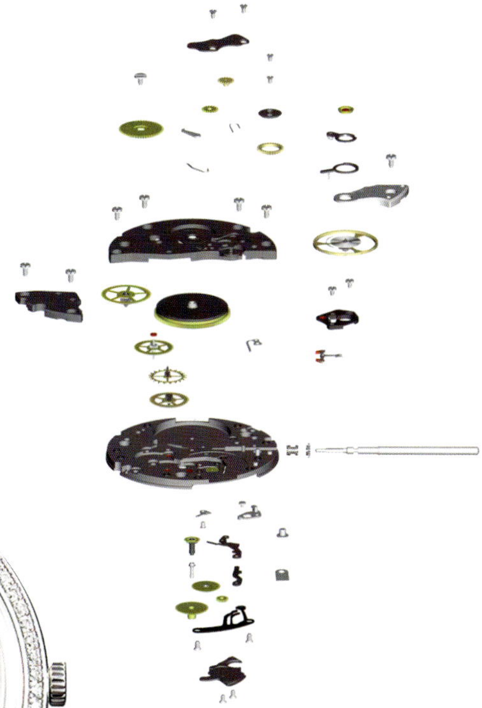

伯爵制450P手动上链机芯

机芯厚度：2.1mm

宝石数：18石

振频：21,600vph

动力储存：约40小时

Altiplano腕表

装配伯爵制超薄450P机械机芯，动力储存约40小时，中央时、分指示，小秒盘，18K白金或玫瑰金表壳和针扣，白色或米黄色绢质表带。

PIAGET 伯爵表

Limelight 系列

伯爵在珠宝腕表的领域里，素有“表坛珠宝大师”之称，累积多年对于珠宝运用与工法的经验，伯爵更懂得如何借由珠宝镶嵌让表款展现华丽高贵的气度，而伯爵的各系列中，Limelight系列最能感受伯爵经由钻石镶嵌，对形塑腕表之美的功力。

今年Limelight珠宝腕表系列依旧优雅柔美，不论是Limelight椭圆形表款或是Limelight酒桶形表款都各有女性不同的柔美风情，这两款秀气的外型下今年却有了改变，以往伯爵的女性珠宝表几乎只装配石英机芯，伯爵首次将手动上链机芯运用其中，Limelight椭圆形装配上伯爵制430P超薄手上链机芯，而Limelight酒桶形腕表则装配伯爵制438P手动上链超薄机芯，为女性风姿绰约的婉约中，加入了更具深度的内涵。

看似简洁优雅的Limelight椭圆形表款，过程却绝不简单，要在浑圆且宽度不一的表壳上镶嵌钻石，除了第一步必须谨慎挑选适当直径的宝石外，再将宝石仔细排列交错镶嵌，并借由复杂的工序才能将接合点完全掩盖，得以呈现镶嵌有钻石却仍然圆融的椭圆形表壳，也足见伯爵果真具有高超的镶嵌技艺。

而Limelight酒桶形腕表除了镶有璀璨美钻，在白色珐琅表盘上饰以放射条纹，以18K白金镶钻罗马数字刻度强化整只腕表的气势，犹如日出，光芒万丈。从蓝宝石水晶透明后底盖可以观赏伯爵制438P手动上链超薄机芯，每小时振频21,600次的律动、日内瓦波状饰纹和以手工修饰倒角镀铑表桥，搭配18K白金折叠式表扣，都让这只Limelight的腕表名符其实为“众人目光的焦点”，更再次证明伯爵同为“专业钟表商”和“高级珠宝商”的实力。

Limelight/G0A31059

装配伯爵制430P手动上链机芯，时分指示，动力储存约40小时，18K白金表壳，饰有102颗美钻，白色珐琅表盘，白色绢质表带，18K白金针扣镶饰18颗美钻。

Limelight/GOA31051

装配伯爵制438P手动上链超薄机芯，动力储存约40小时，时、分指示，黑色绢质表带，18K白金折叠式表扣。

Limelight Party主题表款

去年伯爵推出以感官花园为主题的珠宝与腕表，营造出细腻私密且如梦似幻的美好情境，今年则以Limelight Party为主题，并分别以蕾丝、香槟气泡、镜球及烟火为设计灵感，再度成功营造派对中所弥漫的光眩亮丽的气息与氛围。

细腻织花的蕾丝设计浪漫性感，香槟气泡的柔媚光晕令人神醉，舞池中流光眩影又散发热情的镜球映射耀眼光芒，烟火则并发出灿烂的火花，一场由伯爵精心所策划的派对，巧妙转化而成腕中各见风情的表款，伯爵对珍金异石的娴熟掌握与专业造诣，将制表与珠宝巧妙结合确实是令人折服的独门绝技，更展现出跨越了130多年的专业气魄，也得以让这奢华唯美的构想面见世人。

PIAGET 镜球腕表

装配伯爵56P石英机芯，时、分指示，表壳与表盘以18K白金抛光方格材质组成，共镶有114颗美钻，重约2.1克拉，搭配黑色绢质表带，18K金折叠表扣镶饰以10颗美钻，重约0.1克拉。。

PIAGET Altiplano香槟气泡腕表

装配伯爵制430P手动上链机芯，时、分指示，动力储存约40小时，18K白金表壳，饰有78颗美钻，黄色珍珠母贝表盘，饰以46颗美钻，黄色绢质表带，18K白金针扣。

PIAGET Altiplano烟火腕表

装配伯爵制430P手动上链机芯，时、分指示，动力储存约40小时，18K白金表壳，镶饰78颗美钻，表盘镶嵌56颗美钻，黑色绢质表带，18K白金针扣。

PIAGET Altiplano蕾丝腕表

装配伯爵制430P手动上链机芯，时、分指示，动力储存约40小时，18K白金表壳，镶饰78颗美钻，白色绢质表带。

PANERAI 沛纳海

PANERAI沛纳海，蕴于内的是与意大利海军的深厚渊源，显于外的则是粗犷、大尺寸表壳，精神有了，高度个性化的外型也异于其他表款，脱颖而出自是理所当然。一枚2005年发表的P.2002自制机芯，带出2006年全新的Manifattura工厂系列，放眼沛纳海更深层的制表工艺远景！

沛纳海于2005年推出的Radiomir 8 Days GMT限量腕表，为首度采用位于瑞士Neuchâtel的沛纳海工厂所制造的P.2002型号机芯。2006年的新作Luminor 1950 8 Days GMT表款不仅采用了同样的机芯，而且开创了100% 由沛纳海制造机芯的表款系列——Manufacture系列，并将其装配于以50年代Luminor系列外型为设计依归的Luminor 1950系列。Luminor 1950 8 Days GMT采用传统三明治表盘，具有日历显示、动力储存指示，两地时区等功能，同时9点钟小秒针盘并具有日夜显示。

而继去年展现傲人工艺的Luminor 1950双追针计时表后，沛纳海更进一步推出具1/8秒计时功能的Radiomir 1/8秒双追针计时表，其中位于9点钟的计时秒针可精准计时至1/8秒。同时机芯内装置有两组导柱轮结构，当按下2点钟按把可启动一般计时表功能，双追针计时功能按把则位于表冠上，操作更为便利。

Radiomir GMT/Alarm 是沛纳海经典的闹铃表款，于1999年曾推出限量60只的白金款后，今年则以玫瑰金材质带来全新风貌。玫瑰金的使用除了贵重金属的选择外亦为工艺上的考量，因为玫瑰金是最能确保闹铃的鸣响表现之金属材质，同时亦满足亚洲表迷对于玫瑰金的特别偏好。延续之前 Radiomir GMT/Alarm 腕表的古典枕型造型设计，搭配洋葱式表冠，展现沛纳海独有的典雅质感，搭配沛纳海专利的可拆式线环表耳可轻易地替换表带，造型更显独特。功能上具有24小时制两地时间显示，闹铃时间则可由中央闹铃指针设定。

Luminor 1950 8 Days GMT腕表

不锈钢表壳，P.2002手上弦机芯，时、分、小秒指示，中央第二地时间指示，日夜指示，8日动力储存指示。蓝宝石水晶表镜与表底。鳄鱼皮表带，防水100米，全球限量200只。

Radiomir 1/8秒双追针计时表

不锈钢表壳，沛纳海OP XI自动上弦机芯，时、分指示，双追针计时功能，可精准计时至1/8秒。蓝宝石水晶玻璃表镜及表背，真皮表带，防水100米。

Radiomir GMT/Alarm腕表

玫瑰金表壳，自动上弦机芯，时、分、秒指示。3点钟日期显示，6点钟第二地时间指示，闹铃功能。蓝宝石水晶玻璃表镜及表背，真皮表带，防水30米。

PARMIGIANI 帕马强尼

1976年，Parmigiani先生投身钟表事业，不知不觉中已然走过30个年头，这30年中，Parmigiani先生从致力于古董表的修复到与山度士家族基金会携手创立PARMIGIANI FLEURIER品牌，从机芯到外观无不自行研制，成为瑞士为数不多的实力派大家。

在2006年天才大师Parmigiani先生制表生涯30周年之际，Kalpa XL Hebdomadaire Squelette八日链镂空腕表成为纪念主题的代表，帕氏950钯金表壳内，精雕细刻的18K镂空机芯，雕花、倒角、波纹、打磨无不蕴含着Parmigiani先生倾心传统的执着，透过蓝宝石水晶表镜，纯手工工艺的精湛皆可尽收眼底。

Kalpa Tonda 2006于今年为Kalpa系列增添了全新的造型，看惯了Kalpa的长方形表壳，圆形散发着别样的韵味，而表耳、表盘的层次以及三角形指针依然是PARMIGIANI式的标志特征。圆形Kalpa的首次登场带来的意外暗示着什么？变化、尝试还将以怎样的形式进行？就敬请关注吧。

华丽的Kalpa XL Tourbillon Diamonds腕表，不仅肆意地用钻石包装表壳，大颗的梯钻作为刻度，并且将陀飞轮大胆地安置在女装腕表中，足见女装腕表必将继男装后踏上机械、复杂之路。以逆跳日历结合万年历功能的Toric Quantième Perpétuel，如星空般的面盘上，钻石星辰闪亮，细数着小熊座、鲸鱼座、天琴座和北冕座，以及查看南北半球的月相盈亏，不禁对神秘无垠的宇宙满怀向往。

Toric Quantième Perpétuel

Cal.333自动上弦机芯，动力储存45小时。时、分、秒指示，万年历功能，18白金表壳，表圈镶嵌钻石，18K金蓝漆或黑漆表盘，爱马仕鳄鱼皮表带，针式表扣。

Kalpa XL Tourbillon Diamonds

Cal.PF500手上弦机芯，动力储存7天。时、分、秒指示，30秒陀飞轮，能量显示功能。18K玫瑰金表壳镶嵌圆钻，重4.94克拉，珍珠贝母表盘，18K黄金阿拉伯数字刻度及4枚梯形钻石刻度，重0.09克拉，爱马仕表带及18K金表扣。

Kalpa XL Hebdomadaire Squelette
八日链镂空30周年庆典纪念腕表

Cal.PF118，18K镂空手上弦机芯，动力储存8天。时、分指示，能量显示及小三针显示功能，950钯金表壳，爱马仕鳄鱼皮表带，限量30只。

Kalpa Tonda 2006

Cal.PF331自动上弦机芯，动力储存55小时。时、分指示，小三针及日期显示，18K玫瑰金或白金表壳，银色、香槟色或黑色表盘，爱马仕驼色或黑色鳄鱼皮表带，18K金表扣。

PATEK PHILIPPE 百达翡丽

百达翡丽今年并不着重于超复杂功能面像的表款，而将重心摆在实用层次的发展与革命，在擒纵系统、自制机芯与女表方面都有所做为。身为表王之尊，其所提出来的制表概念，势必又会带出另一波的表坛新趋势！

百达翡丽专利著名的年历功能，从1996年问世以来，已经成为百达翡丽代表作之一。在年历诞生十周年的今日，百达翡丽一口气推出了三款全新的年历表款，成为当年之年度风云作品。从腕表本身的光彩，百达翡丽为问世十周年的年历表款庆生。

无论是表迷或百达翡丽本身，都对这款装配品牌首枚自制计时码表机芯的Ref.5960P赋予高度关注。就外型而言，Ref.5960P打破传统的计时规范，将常见的辅助盘综合在一个3圈刻度的针盘内，60分钟的蓝红双圈设计给人耳目一新的感受，与10时至2时之间成弧形状的年历布局结合，让整只表简洁有序。

去年推出单晶矽擒纵齿轮的Ref.5250腕表后，今年进一步地推出具备全世界首枚单晶矽摆轮游丝的Ref.5350，并搭配去年开发出来的矽制擒纵齿轮。以同样的单晶矽为材质制作出专利Spiromax®摆轮游丝，这种新物料具有多项优点，但仍无法解决游丝收放规律不均的问题，为此一个崭新的“百达翡丽末端弧线”自此诞生，其特色在于游丝的外端较厚，迫使游丝扩张及收缩时能朝着同一中心移动，另一优点为其摆动面同一水平以内，所占的空间较传统双层盘绕游丝少三倍，为超薄机芯预留良好发展空间；游丝的内部中心设有一个朝中连体摆轮杆底座，连接摆轮杆部份，外端则是一个连体并拥有独特几何形状的连接短栓，能准确界定游丝的有效长度。

相较于Ref.5350与5960年历表，各有新材质擒纵系统与首枚自制计时码表机芯为焦点话题，这款全新的Ref.5396内敛许多。其主要为将原本的星期与月份指示盘，改为同轴显示窗，比原本年历版本的表盘配置，更具协调性，在市场上大受好评！

女表方面，复刻自上世纪30～40年代的表款元素的Gondolo Serata，也让这些广受欢迎的表款重回消费者怀抱。

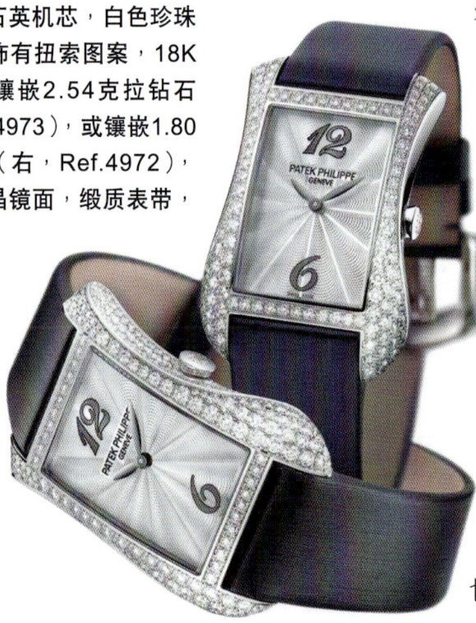

Gondolo Serata
Ref.4973 & Ref.4972

Cal. E15石英机芯，白色珍珠母贝表盘饰有扭索图案，18K白金表壳镶嵌2.54克拉钻石（左，Ref.4973），或镶嵌1.80克拉钻石（右，Ref.4972），蓝宝石水晶镜面，缎质表带，防水20米。

年历腕表 Ref.5396R

Cal. 324 S QA LU 24H自动机芯，21K金自动盘，年历功能，月相盈亏显示，24小时指示，玫瑰金表壳，蓝宝石水晶镜面与底盖，防水25米。

年历计时码表 Ref.5960P

Cal. CH 28-520 IRM QA 24H自动机芯，21K金自动盘，锆滚珠轴承，55小时动力储存，日内瓦印记，年历功能，中央计时秒针，6点钟位置同轴计时与日夜显示，动力储存指示，铂金表壳，蓝宝石水晶镜面与底盖。

年历腕表 Ref.5350

Cal. 324 S IRM QA LU自动机芯，年历功能，月相显示，45小时动力储存指示，玫瑰金表壳，蓝宝石水晶底盖具放大镜可透视革新的摆轮游丝，防水25米，限量300只。

PIERRE KUNZ

PIERRE KUNZ向来以极为前卫的风格赋予腕表全新感受，除了惊人的创意外，扎实的制表工艺是得以将想法落实的必备条件。今年所推出的两款新作，再次揭示PIERRE KUNZ心中对于腕表的另类观点。其中Seconde Virevoltante Retrograde秒逆跳腕表，打破一般逆跳腕表行走角度为扇型模式，甚至超过一般正常秒针一分钟行走一圈的360° ，由0至60秒秒针共行走了417° ，然后再以极快的速度逆跳回0秒，继续计时。而为了行走较长的距离与角度，又要能保持一分钟60秒的精准度，因此该腕表秒针的走速明显快于一般秒针，前所未见的创新设计不仅是制表工艺的新突破，更提供新颖的阅时体验。此外12点钟的Geneva字样亦采日逆跳设计，每日字体会于视窗由左往右行走至中央，当一天结束则会逆跳至原点。

Seconde Virevoltante Retrograde秒逆跳腕表

玫瑰金材质，装配自动上弦机芯。独立时、分指示，417°逆跳秒针指示，12点钟逆跳Geneva字样。蓝宝石水晶表镜，鳄鱼皮表带，防水30米。

蕾蒙威 RAYMOND WEIL

Shine 玫瑰金限量版

石英机芯，18K玫瑰金材质，镶嵌56颗美钻(共0.70克拉)，全表共有100颗钻石，珍珠母贝表盘，18K玫瑰金表带，或黑色鳄鱼皮表带，蓝宝石水晶镜面，防水30米。

RAYMOND WEIL蕾蒙威向来以珠宝表自豪，今年除了以Shine系列抢攻珠宝表市场，更以Tango Sport运动系列让大家见识品牌在不同领域的表现。

Tango Sport运动系列结合现代时尚的设计感，专为独立自主的刚毅型男所设计，展现时尚运动风的美学态度。充满现代感及流线造型的外观，符合人体工学，精心打磨的不锈钢外壳，搭配极具个性的橡胶表带，红黑色的设计配搭表盘上的大日历视窗，显现无人能出其右的大胆个性。

另外，蕾蒙威在成立30周年之际，推出全新女表系列——Shine，此系列是继蕾蒙威于四年前推出OTHELLO奥泰罗之后，又一创作之举，细致的质感，亦宣示着品牌进入珠宝腕表的企图心，也借以传达高级奢华的形象与完美精湛的工艺！

Tango Sport

长方形不锈钢表壳，螺旋式表冠，橡胶表带，双重折式表扣，阿拉伯数字黑色表盘，计时功能，2点钟特大日历窗，蓝宝石水晶镜面，防水50米。

Tango Sport

不锈钢表壳，橡胶表带，双重折式表扣，阿拉伯数字黑色表盘，计时功能，3点钟位置为小秒盘，9点钟位置为响闹功能面盘，12点钟特大日历窗，蓝宝石水晶镜面，防水50米。

RADO 雷达表

今年，雷达表的Rado.True分别在Rado.True真我活力系列与Rado.True真我艺术系中，展示在高科技陶瓷领域上的两项突破——缎光磨砂与饰纹高科技陶瓷。

为了纪念“精密陶瓷”系列推出20周年，雷达表为高科技陶瓷研制出全新的迷人紫色色调。高科技陶瓷可确保“紫色”的美丽光泽不被时光磨损。表盘上的4颗真钻再加上40颗晶莹的钻石在表壳两边熠熠生辉，此系列将限量推出1,000枚腕表，包括700枚小号和300枚中号。

继银钻超特大系列成功推出后，雷达表又再为银钻系列推出机械表款。透明的蓝宝石水晶后盖另辟视角，精密的ETA自动上链机芯一览无遗，让腕表更见清透动感，表盘上带有经典红色活动摆陀（雷达表自动上链机芯标志），更凸显出表盘的精致。

银钻超特大号机械腕表

ETA自动上链机芯，动力储存38小时以上，时、分、秒显示。黑色高科技陶瓷表壳，黑色表盘配红色活动摆陀，蓝宝石水晶表面及底盖，黑色高科技陶瓷表带。

Rado.True真我艺术系列

ETA石英机芯，时、分、秒显示，带有饰纹的铂金色高技术陶瓷表壳，银色表盘，蓝宝石水晶镜面，铂金色高技术陶瓷表带。

“精密陶瓷”真钻紫色系列

石英机芯，时、分指示，日期显示，紫色高科技陶瓷镶钻表壳，银色表盘，蓝宝石水晶镜面，紫色高科技陶瓷表带，中号款限量发行300枚。

总统表 REVUE THOMME

向来在自制机芯领域中努力耕耘的总统表，其腕表的高C/P值的表现，总吸引了人们的目光焦点，大家都想看其自制机芯的表现，仿佛忘了总统表其实是由制造航空仪器起家。

今年，总统表复刻其最受欢迎的Airspeed系列，大尺寸的Airspeed复刻表，直径由42.5mm加大至43.5mm，采用大而圆润的不锈钢表壳展现复古风潮，男人味十足。

半镂空表也是总统表相当经典的款式，今年同样推出直径41mm的大尺寸半镂空表。面盘中央的局部镂空与透明表背，透视所装配GT54自制机芯的运作。唯美精雕的大镂空表面，圆润柔和的表壳，呈现出隽永优雅的古典美感。

Airspeed复刻表

装配手上链机芯，时、分、小秒指示。不锈钢表壳，防水100米。

镂空大型一号

装配GT54自动上链机芯，时、分、秒指示，包玫瑰金或不锈钢表壳。

RICHARD MILLE

成立于2001年，RICHARD MILLE以酒桶表壳与陀飞轮为基，大胆采用创新材质、机芯结构等元素，突破腕表制作之既有成果。

RM012再次展现RICHARD MILLE不甘于平凡的制表意念，没有机板结构的机芯，全部以直线形的桥板构筑而成，历经两年研发的成就，当然相当令人惊讶，因此这款表当然舍去了表盘，将机芯当作表盘最佳的展演舞台；取自每年限量6部的意大利赛艇为灵感发想，RM014-1自此诞生，这款表是以RM002的机芯为基础，但从表壳线条、表盘设计以致于机芯结构，都做了更改，从细微的变化，呈现Perini Navi赛艇的航海精神；为巴西赛车手Felipe Massa推出的RM005-FM，是以之前推出的RM005表款为基础，并采用黄色与绿色作为表盘设计主题，让这款表特出的表盘设计更加鲜明、抢眼。

RM012

RM 012手上链陀飞轮机芯，铝合金发条盒、陀飞轮框架与轮系，18K白金均时螺丝，蓝宝石以钛金属套筒固定，时、分指示，铂金表壳，蓝宝石水晶镜面与底盖，全球限量30只。

RM014-1

RM 014手上链陀飞轮机芯，碳纤维机芯机板，时、分指示，3点钟位置70小时动力储存指示，2点钟位置发条扭力指示器，4点钟位置表冠功能指示器(C上链、N空档、L指针)，蓝宝石水晶镜面与底盖。

RM005-FM

005-1自动上链机芯，自动调整式自动盘，时、分与秒指示，7点钟位置日期显示，蓝宝石水晶表盘，钛金属表壳，蓝宝石水晶镜面与底盖，全球限量300只。

罗马表 ROAMER

做专业表厂该做的事，百分之百的瑞士机械表，在设计与传统、品质与价格间达成平衡，以人众品牌的姿态提供最实用的腕表。这是罗马表一直在追求的所谓“真实价值”。

今年，ROAMER在这信念下，推出La Grande计时码表，醒目的橘色系让这款La Grande计时码表显得抢眼，而秉持着品牌一贯原则，这款计时码表整体形式简单利落，橘色的中央秒针，三个小表盘的指针也与其余时标颜色有异，提供独特视觉与判读。

Royale女表

装配石英机芯，时、分指示，不锈钢表壳，密镶美钻。

La Grande计时腕表

装配ETA 2824-2机芯，时、分、秒指示，日期显示，计时码表功能，不锈钢表壳。

ROGER DUBUIS 豪爵表

2006年，ROGER DUBUIS发表了6枚新机芯，不仅在技术上面均有所突破，且每个零件都自行制作，并拥有日内瓦印记，为表坛上展现实力的一大创举。

细数ROGER DUBUIS的成就，包括：全世界唯一能制作同轴三逆跳的表厂、坚持完全自制机芯、唯一每款表都拥有日内瓦印记与法国天文台认证、原创的外观设计。在ROGER DUBUIS身上有太多的独特与唯一，值得细细品味。这个随时让人惊喜的品牌，名气跟其它顶级品牌相较，却内敛许多，因为其坚持贵金属表款仅限量生产28只，可见率当然不多，但却也让ROGER DUBUIS更显弥足珍贵。

去年，ROGER DUBUIS推出了集结逆跳分针和跳时功能的飞行双陀飞轮，成为年度风云之作。2006年，再度乘胜追击地发表6枚全新的自制机芯，且每枚机芯都是话题之作！

GoldenSquare Collection

2002年，ROGER DUBUIS推出方正表壳为基调的Golden Square，名符其实地为黄金比例下了最佳注解。问世以来，各种复杂功能或是珠宝镶嵌的挥洒自如，实现了其与外型一样出色的内在神情！

今年，RD09 Mini Flying Tourbillon，其陀飞轮直径仅10''' ¾，是一般陀飞轮的三分之二，组装技术与运作稳定，都是一大挑战，这枚精致迷你的陀飞轮机芯，摆脱了一般陀飞轮腕表直径都大于40mm的宿命，两种尺寸的GoldenSquare陀飞轮，也适合女性纤细的手腕，呈现独到优雅品位。

GoldenSquare Mini Flying Tourbillon

RD09 Mini手上链飞行陀飞轮机芯，60小时动力储存，日内瓦印记，18K白金表壳，全球限量28只。

EasyDiver K10 Collection

结合了艺术及制表工艺，ROGER DUBUIS推出了一个全新的运动表系列－K10。K10系列是由SAW系列中的EasyDiver延伸而来，在表面刻有红色或白色K10字样。为了追求创意与革新，K10系列不但在表面的部分运用了新的材质及颜色，例如一种黄色或灰色的新材质称为Texalium(碳铝合金)，并在表壳上运用了钛金属，而表圈也采用了最新的eloxation技术，借由氧化铝材质所产生的红色或绿色光泽，赋予表款独一无二之面貌。

EasyDiver K10

RD14自动机芯，日内瓦印记，不锈钢表圈与钛金属表壳，直径46mm，橡胶表带搭配折叠式表扣，防水300米，限量888只。

EasyDiver K10 Tourbillon

RD05 手上链飞行陀飞轮机芯，日内瓦印记，不锈钢表圈与钛金属表壳，直径48mm，防水300米，限量280只。

ROLEX 劳力士

号称为万年死硬派的劳力士，虽然在前两年有大动作的突破，在今年一改过去两年的策略，重拾一贯作风，不再追求花俏炫目的外表竞赛，坚持以工艺实力的展现决战表坛。

今年所推出的Oyster Perpetual GMT-Master Ⅱ是品牌中除Dytona外拥有最强功能的。可旋转的黑色陶瓷表圈，除了有可指示第二时区的24小时制时标外，亦有镶嵌贵重有色宝石的款式，为一向沉稳的GMT-Master Ⅱ添加了一些轻快的气息。而为了庆祝劳力士持续五十年不坠的名声，今年所推出的Oyster Perpetual Day-Date，以绿色珐琅面盘与密镶的美钻装饰着表盘，展现出劳力士古典奢华的一面。

Oyster Perpetual Day-Date

装配自动机芯，时、分、秒指示，日期、星期显示。18K黄金表壳，表盘密镶美钻。

Oyster Perpetual GMT-Master Ⅱ

装配自动机芯，时、分、秒指示，日期显示，24小时制两地时间功能。黑色陶瓷面盘，可旋转表圈，黄金时标。亦有镶嵌有色宝石款式。

圣宝莱 SAINT HONORÉ

Euphoria Flower

石英机芯，不锈钢表壳，粉红色表盘上刻有花朵图案，双向旋转表框上镶有钻石和粉红宝石，配不锈钢链带，防水30米。

圣宝莱的Euphoria以粉色调和清纯气质打动女士们的芳心。在花朵、海洋、太阳和爱4大主题下，表盘均饰以相应的图案，表框造型进一步深化主题。在“爱”的主题下，双向旋转表框上有一颗精致的“心”，可以随意走动，而在“花朵”的主题下，钻石和粉红晶被铺上表框，与表盘内的花朵图案合而为一。

圣宝莱于去年推出20枚陀飞轮纪念系列，由于反应热烈，今年特别加推全新款式。18K白金表壳装配手动机械陀飞轮机芯，表盘设中央时分及小秒针指示，而饰上日内瓦印记的桥架则以圣宝莱标志SH形展示。

Euphoria Heart

石英机芯，左为不锈钢表壳连粉红色鳄鱼皮表带款，右为包金表壳连白色鳄鱼皮表带款，粉红色表盘刻有心型图案，一颗镶有钻石的“心”紧贴在双向旋转表框上。防水30米。

Tourbillion 1885

手动机械陀飞轮机芯，动力储存110小时，时、分指示，陀飞轮配SH形状桥架，18K白金表壳，蓝宝石水晶弧形镜面，黑色表盘，褐色鳄鱼皮表带。

SEIKO 精工

以瑞士制表为主导的钟表产业中，源自日本的SEIKO精工表算是极为特殊的品牌。不仅是因为精工集团系出亚洲且为国际知名品牌，其令人惊艳的开发、创作能力与精良稳定的品质，才是其得以在国际发光的强力后盾。

1881年，服部金太郎建立服部时计店，这个时计店便是精工钟表王国的前身。1892建立了钟表制造工厂——精工舍，及至1924年，“SEIKO”成为品牌名称，并渐渐发展为亚洲第一大的腕表王国。

20世纪60年代，精工参加瑞士天文台竞赛，不断地改进、创新。在1968年的比赛中，虽然瑞士的CEH公司的3只石英表包办了石英表前三名，但是精工有23只机械表参赛，其中的七只机械表包办了前四至十名，使得精工公司的总成绩为比赛第一名。这不只是亚洲地区第一个有能力参加这个世界级钟表大赛的品牌，更是亚洲地区首次获得如此殊荣。而这无疑也是对于精工制表工艺的无上肯定，证明了精工机械表的制造技术已达到了世界第一的水准。

1969年，精工发表贩卖出世界上第一只石英表，以低误差、低成本以及靠一颗水银电池便可运转一年的优点，成为大众化的平价表款，连带也开启了机械表的黑暗时期。如今机械表的危机已经过去，但当时精工开发出的音叉式水晶振动与IC回路，至今仍是世界许多表厂研发石英表的标准。

到70年代，机械腕表风潮再度回归，面对这股无可抵挡的制表趋势，精工表仍旧秉持着不断创新与精炼的精神，挟着集团本身的先进技术与研发能力，于机芯、腕表的发展开创出有别于瑞士机芯的新局面，不仅在石英机芯上赋予更长效动力，也陆续发展出免换电池的Kinetic自动石英机芯，而机械机芯除了具有自制能力之外，更研发出世界首创结合传统机械与电子技术Spring Drive新式机芯，不仅提供腕表更长效而稳定的动力，更在腕表精准度上超越许多竞争对手。

此外，精工集团对于腕表作工、质感、材质与细节的要求更是达到一丝不苟的境界。从内部机芯的研发、制作、组装，到外型设计、材质运用以及抛光打磨，皆已达高级腕表的制作水准，加上创作风格融入日本文化中洗练、简洁且具有静谧之美的“禅”式美学，因此无论是风格以及工艺，都已经走出有别于瑞士腕表特有的风格。

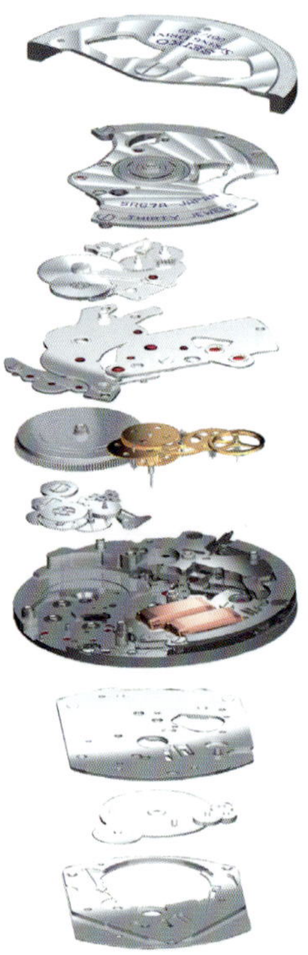

Spring Drive机芯历经28年的研发，于1999年首次装配于机械腕表，并以进入正式量产的阶段，证明精工对于生产Spring Drive机芯的技术已趋于成熟，SEIKO精工表不断为表坛带来令人震撼的革命性作品，一场宁静的革命于焉而生。

划时代革命机芯Spring Drive

日本精工继上世纪60年代率先量产石英表，高科技的制表技术宣告怀表时代的式微，并为大众化近五十年的“时计”生活带来重大改变后，今日精工表更进一步发明了将电子技术与机械结合的全新机芯——Spring Drive，再次将腕表的发展带进新领域。

Spring Drive的机制理论出现甚早，可追溯到1977年Seiko Epson厂里的一位年轻工程师翅羽好和所提出，精工并花了28年才真正达成，于1998年正式发表，隔年推出装配Spring Drive机芯的全新表款。其实早在1977年SEIKO集团就曾远赴瑞士发表过相关理论，而当时的瑞士钟表集团也曾提出了类似的研究理论。然而，时至今日，能够从推出原型、量产、乃至于技术纯熟的，却仅有SEIKO集团。

Spring Drive 机芯从发条上链至运转的齿轮系组，有80%的结构与机械表相同，而20%的部分则是融入了SEIKO的先端科技。若以机械表来说，瑞士制表大厂无疑是技术的领导者，而电子表技术则以SEIKO为个中的先驱者，在众多钟表品牌中，同时拥有顶级机械表及电子表研发及制作技术的表厂，唯独SEIKO。如今 Spring Drive 机芯已于欧洲、美国及日本注册了 230 的技术专利，且此顶级的高科技机芯组装技术也只有5位制表师负责，因全为手工组装，所以每一位制表师一天的产量也只有5到6枚。1998 年所发表的Spring Drive机芯产量较少且为手上链机芯，动力储存时间为48时，为了达到带给人类使用手表的便利与实用性，经过多年的研发与改良，Spring Drive如今已可自动上链、动力储存时间也可达72小时，更搭载了两地时区及月相显示等小复杂功能，产量也可供给市场需求。

↓主发条驱动

1959年SEIKO已经内部生产出自己的主发条，当时工程队认为没有任何现存的发条有能力推动工业的前进发展。直到利用了高度弹性的材质之全新发条机制Spron 510 被发展出来之后，提供了更高能、更顺畅、更长久的特性，让Spring Drive的能量储存可增加至达72小时。

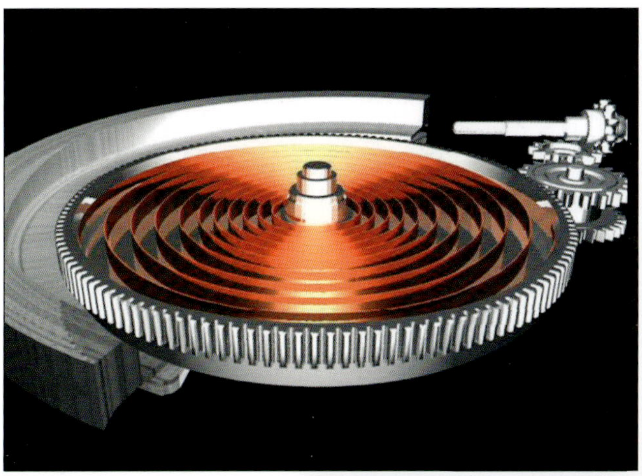

←魔术杠杆上链系统

崭新的魔术杠杆系统能使摆陀的能量更有效地传送到主发条去。它被摆陀的轴承直接牵动，令发条摆动更具效率。这个新系统比传统的摆动系统高效30%。

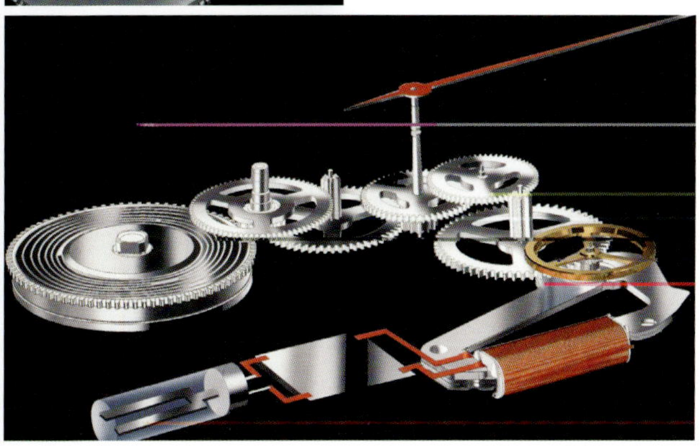

↑单向转动

Spring Drive 独特之处在于它几乎拥有传统机械表的所有特点，而又不采用擒纵装置。擒纵装置是通过平衡齿轮前后来回运动，调节发条驱动指标的速度。同时由于这种高速摩擦运动使到传统机械表失时和受损。卓越非凡的Spring Drive手表中所有的运动都是单一方向运转，因此几乎没有摩擦。也是这种单向的运动使手表指标以独特的滑动方式运行，反映出时间运行的真正面貌。Spring Drive 正是一场钟表的革命。

→三级同步调制控速器

此新装置代替了擒纵装置，所以消除了传统手表结构最薄弱和最易受损的部分。它调整在Spring Drive机芯运行的三股能量：主发条的机械能、由机械运动激发石英雄晶体振动器产生的电能、令滑动齿轮每秒转动8次的电磁能。

Spring DriveGMT腕表

不锈钢表壳及链带，装配5R66 Spring Drive自动机芯，72小时动力储存指示。时、分、秒指示，日期显示，两地时间指示功能。蓝宝石水晶镜面及底盖。防水100米。

Spring Drive腕表

SEIKO Spring Drive腕表以“圆融和谐、循环不息”的意念为设计灵感。表壳外圈、刻印的表冠、与和谐融合在表面里的圆形面盘，展现圆融和谐的日本禅风；而行走顺畅平滑的扫瞄式秒针，以及借由透明表背清晰可见的圆形转轮，完美且平稳的转动。由内在机芯到外在设计，在动与静之间环环相扣出时间循环不止的真实本质。

继去年推出大受好评的Spring Drive72小时动力储存腕表后，为因应国际化的趋势，SEIKO今年新推出了Spring Drive GMT腕表，以高精准度与自动上链提供旅行者完美的报时工具。Spring Drive GMT腕表表面设计承袭SEIKO精工一直以来所呈现简约、洗练的风格，低于面盘水平的动力储存显示视窗的设计，除了加添表款的立体感外，也不至于影响GMT指针的走时运作，完美将大三针、两地时区、动力储存与大日历视窗全部安排在表面却呈现丰富不紊乱的视觉效果。

此外，该款腕表不仅具有高精准度的走时且操作简易，24小时指针调校只需轻松旋转表冠，即可在不影响秒针精准度的情形下做好不同时区的设定，在国际交流频繁的现代化社会，Seiko Spring Drive GMT表款绝对是周游各国旅人的最佳选择。

Seiko Spring Drive5R65动力储存腕表

不锈钢材质，装配Spring Drive 5R65自动上链机芯，时、分、秒指示，72小时动力储存指示，日期显示。蓝宝石水晶镜面及底盖，不锈钢链带，防水100米。

Seiko Spring Drive5R64动力储存腕表

不锈钢材质，装配Spring Drive 5R64自动上链机芯，时、分、小秒针指示，72小时动力储存指示，日期显示。蓝宝石水晶镜面及底盖，鳄鱼皮表带，防水100米。

Spring Drive月相盈亏腕表

不锈钢表壳，装配5R67 Spring Drive自动机芯，72小时动力储存指示，时、分、秒指示，月相显示，蓝宝石水晶镜面及底盖，鳄鱼皮表带，防水100米，全球限量200只，中国市场配有20只。

SEIKO Spring Drive 月相盈亏动力储存限量表

Spring Drive月相盈亏动力储存限量腕表，以银灰色的月相盘安置于蓝色贝母面板上，真实呈现高悬于夜晚星空的月球原始风貌，并创造出月亮每晚穿越星空时宁静、优美的景象。以“圆”为设计概念的SEIKO月相盈亏腕表，不仅面盘优雅传达月亮运行的规律与景致，机芯的打磨也透露出完整的设计和谐感，机芯夹板与扇形上链自动盘描绘出以单向摆轮为中心往外辐射的月光，整款表呈现出宇宙光阴的真实自然景观。

Spring Drive月相盈亏动力储存限量表，机芯零件数高达288个，精细程度更胜一般高复杂表款，全球限量生产200只，透过透明后底盖可看到每款表的独立编号。长达72小时动力储存的月相盈亏表款，不仅象征Spring Drive机芯的能量传动模式已经完全成熟，更具备发展各种复杂性能的基础，其间长达28年的研发历程，充分展现SEIKO专业制表的研发精神。

透明后底盖的设计可一览机芯独特的放射性打磨与限量编号。

以圆为设计概念的SEIKO月相盈亏腕表，面盘优雅传达月亮运行的规律与景致。

SEIKO Premier动力储存自动机械表

不锈钢表壳，装配6R20自动机芯，45小时动力储存指示，时、分、秒指示，日期、星期指示，蓝宝石水晶镜面及底盖。真皮表带与不锈钢链带，防水100米。

SEIKO Premier动力储存自动机械表

SEIKO继推出Premier系列人动电能万年历表款展现高级制表水准后，为了回应更多表迷对复杂机械表款的需求，最新Premier系列改装配精工自制自动机芯，推出以"经典"为灵感的现代设计——SEIKO Premier动力储存自动腕表以飨表迷。这款腕表装配的6R20 自动上链机芯，机芯零件数高达208个，所有零件皆由SEIKO自行生产与组装，展现精工扎实的制表技术。此外，机芯的夹板更施以倒角切割方式处理，展现细腻且关注细节的制表工艺，而由精工独家研发且具有专利、高效率上链的Spron510上炼机制，还能提供能量储存达45小时以上，可说是只具备多项复杂功能的机械表款。

外观上，SEIKO Premier动力储存腕表以立体切割方式贯穿整个设计概念，而所需之执行工序亦相当繁复。表壳侧边以圆柱型镂空装饰，表耳与表冠护肩则以3D立体切面处理，面盘中央以格纹线区隔为多个正方体， 搭配楔型指针，突显出整个表款的立体质感，稳健展现纯熟的制表工艺。另外，用以显现日期、星期及能量储存的三个立体视窗，借由独特的立体折痕与细致的打磨，宛若海浪波峰反射阳光的粼粼波光，不仅提高判读时间的易识性，更是市面上众多同级机械表所仅见的细致工艺。

Sportura闹铃计时腕表 本田F1赛车限量版

不锈钢材质，装配石英机芯，时、分、秒指示，计时、闹铃功能。蓝宝石水晶镜面，橡胶表带，防水100米。

Sportura计时腕表

不锈钢材质，装配石英机芯，时、分、秒指示，40分钟计时功能、分段计时功能与逆向弹跳计时分针，功能，可精准至1/100秒。蓝宝石水晶镜面，不锈钢链带，防水100米。

Sportura 人动电能极限计时腕表

不锈钢材质，装配人动电能9T82计时机芯，时、分、秒指示，计时功能，计时精准度可达10分之1秒，满链时动力可达约1个月。蓝宝石水晶镜面及透明后底盖，不锈钢与碳纤维链带，防水100米。

Sportura系列

SEIKO最受欢迎的运动腕表Sportura系列，今年借由与Honda F1车队的全面合作，并赞助旗下F1赛车手Jenson Button，特别设计两款全新闹铃腕表与分段计时表款，其中闹铃计时腕表是针对Honda车队之整体需求所设计，而鼎雕刻SEIKO Sportura与Honda F1赛车队徽，标示出两个顶尖品牌的合作，该款表采用防眩光水晶玻璃及黑玉般漆黑的面盘，并以红、黑、白三种色系呈现F1赛车的风格，是SEIKO特别向挑战2006年F1赛事的Honda车队致敬，所精心设计的表款。而分段计时码表则于6时位置设有40分钟逆跳计时指示，12时位置为可精准计时至1/100秒的指示盘。其中40分钟逆跳计时，最多可测量120分钟的计时功能，并具备分段计时功能。

另一款Sportura人动电能极限计时马表，则以车手临场感为设计灵感，手表面盘上分别以蓝宝石水晶玻璃分隔的四个独立视窗的计时与报时装置，以及赛车格纹旗制作的碳纤维面盘，令这款表充满了Sportura与Honda F1赛车所象征的映像连结，并搭配F1赛车之变速齿轮推出限量1500套之表款组合，该零件是Honda F1赛车在接近英国银石赛车道的总部所设计制造，是专属本款表的配套赠品。

SINN

如果说到SINN，最令人印象深刻的该是其战斗意味十足的军用表款，然而从去年就可看出SINN不只是专注于强悍的军用表款，在都会表款上亦有不错的发展。今年推出的Model Family Regulateur 6100 Classic 4N，在一般表款中相对少见的三针一线表款，在表现上显得格外雅致。而风靡大半个世界的世界杯足球赛事在今年开打，不少品牌都以表款表示自家对赛事的赞扬，都以足球为元素推出表款。SINN也不例外，推出Model 303 Fuβball-The Soccer Chronograph 2006，足球计时码表。12点与6点位置的计时表盘颜色，记录比赛的长度与超时时间，而9点位置的足球图案，更直接且明确地标示了这只腕表的纪念意义。当然这款腕表是为了世足赛而设计，也只在2006年供应。

Model Family Regulateur 6100 Classic 4N

装配SZ-04手上链机芯，时、分、秒指示，不锈钢表壳，防水100米。另有45只限量玫瑰金款式。

Model 303 Fuβball-The Soccer Chronograph 2006

装配 SZ-02自动上链机芯（基础机芯为Valjoux 7750机芯），时、分、秒指示，日期、星期显示，计时码表功能。不锈钢表壳，防水200米。

帝玛表 TUTIMA

TUTIMA"Valeo Reserve"

装配ETA 2892 A2自动上链机芯，时、分、秒指示，大日期视窗，动力储存指示。有玫瑰金与不锈钢两种表壳选择。防水100米。

军表，自然是军表！TUTIMA最为世人称道的便是强悍非凡的军用表款。

然而，在这几年的表展中，TUTIMA所端出的，却不是军用表迷会趋之若鹜的剽悍造型，反而是古典气味十足的设计。

已连续20年提供NATO飞行员官方表款的TUTIMA，今年推出TUTIMA F2 UCT Eurofighter Typhoon，这款用以向世界最先进的战机Eurofighter Typhoon致意的表款，延续过往F2系列的古典风貌，这款飞行表款的钱币纹外圈为这款腕表增添些许雅致韵味。透明表底盖可透视机芯自动盘上的战机形貌，述说这款腕表的设计理念。

另外，动力永远是腕表最根本的需求，动力耗损，甚或动力耗尽，都会影响到腕表走时精准。Valeo Reserve的Valeo为拉丁文Power之意，这款腕表直接命名为动力储存，功能与投注的心力不需多加说明。

TUTIMA F2 UCT "Eurofighter Typhoon"

装配ETA Valjoux 7754自动上链机芯，时、分指示，计时功能，两地时间功能。不锈钢表壳。防水100米。

TAG HEUER 豪雅表

2005年于Basel表展中，TAG HEUER豪雅表推出了突破当今表坛机械腕表计时精准记录的Calibre 360 概念计时腕表，将机芯振频一举提高至360,000转的超高频率，再次昭告世人豪雅表于顶级运动腕表的先驱领导地位。

2006年，豪雅表对于腕表的无尽创意再次表现于Monaco Calibre 360 LS概念计时腕表之上。以经典摩纳哥表款外型为基础，Calibre 360 LS面盘则赋予前卫的设计。功能上，可精准计时至1/100秒的计时小秒针盘，以大尺寸设计设置于6点钟位置，能更清晰看见秒针的快速运转，并感受1/100秒的精准与细微。而最大的焦点是位于3点钟位置的直线型计时秒针（Linear Second）指示，豪雅表将传统圆盘式秒针改以前所未见的线型指示呈现。当红色直线秒针由横向显示窗第1秒行走至60秒末端后，秒针会立即回归出现于原点并重复走秒动作，这样的设计可说是表坛首见。

继去年发表阵频高达360,000转、可精准计时至1/100秒的Cal.360机芯之后，豪雅表今年将其装置于旗下经典Carrera腕表内，推出Carrera Cal 360计时腕表。Calibre 360机芯结合了报时与计时两个个不同运作模式的机械机芯，报时的基础机芯采用自动机芯,，并具有日内瓦印记与瑞天文台认证的卓越品质与精准度。而负责1/100秒超精准计时功能的机芯，则由一个可提供100分钟能量存储的快速转动的发条盒、独立的手动上链系统、以及计时结构，结合成一个完全独立的机芯，也具有能量存储指示功能。同时，Calibre 360更具有两项世界独家专利： 一个是保护1/100秒计时装置不因高速且剧烈运转下而导致零件磨损的特殊保护装置； 另一个是独特的表冠调校系统，当顺时针方向旋转表冠可为手动计时机芯的发条盒上练,，逆时针方向旋转则是可以调校自动机芯的时间。

此外豪雅表于 2005 年 4 月推出了全球首只专业高尔夫球限量腕表Professional Golf Watch后，不仅是老虎伍兹唯一任证可于打高尔球时配戴的专业腕表，更是高尔夫表迷打球时的最佳时间伴侣。2006年，豪雅表赋予专业高尔夫球腕表雪白耀眼的全新色系惊艳登场，不仅提供更多的配色选择，更深深吸引女性表迷与球友的目光。

Monaco Calibre 360 LS概念计时腕表

不锈钢材质，装配双机芯，报时基础机芯采用自动机芯，负责时、分、小秒针显示。另一为Cal.360 1/100秒计时腕表机芯，具100分钟动能储存。3点钟直线型秒针指示，6点钟1/100计时盘，9点钟15分钟计时盘，12点钟100分钟动力储存指示。蓝宝石水晶镜面及底盖，橡胶表带。

卡莱拉Cal.360玫瑰金计时腕表

玫瑰金材质，装配双机芯，报时基础机芯采用自动机芯，具天文台印记与C.O.S.C.认证， 42小时能量存储，负责时、分、小秒针显示。另一为Cal.360 1/100秒计时腕表机芯，具100分钟动能储存。6点钟1/100秒计时盘。12点钟100分钟动力储存指示。限量500只。

白色专业高尔夫腕表

钛合金表壳，装配石英机芯，时、分、秒显示，蓝宝石水晶镜面，表扣安装于表壳，表冠位于9点钟位置，强力延展性橡胶表带。防水100米。

TISSOT 天梭

"我拥有芬芳的香气和坚韧不拔的意志，永远展现最华丽绚烂的色彩。但别忘了，我的生命只是时间洪流的短暂插曲。"天梭徽章的这句题词宣告天梭家族世代相传的对于传统的敬仰，及那份大胆创新与追求卓越的义无反顾。

天梭1952复刻限量版以追忆传统的信念展现了半个世纪前人们对于腕表的审美观念，银白色表盘上柳叶形指针与小秒针运行的轨迹，罗马数字刻度，以及玫瑰金材质的运用和圆润的双表耳，种种细微末节皆印证着古典的回归，它是1952年一款经典的重现，而表背镌刻着天梭家族"盾形徽章"与表盘的传统交相辉映，令人很想翻开历史去探寻这个神秘家族的传奇经历。

除了对于传统的坚定，人们早已熟悉了天梭在科技、创新上不遗余力地变化，其变化之速度，常常令人猝不及防，当年轰动一时的T-Touch，便是天梭现代制表理念的真实写照。2006年，PRS 516加入了回拨功能，MotoGP采用精钢与高科技人工合成碳纤维材质，这些变化令人再次领略到人性化、趣味性、运动感的鲜明特质。

花瑰的热潮还未退却，天梭今年又以宁谧纯真的睡莲再续花形表壳的新概念，贵金属表壳配合珍珠贝母表面，塑造出这款佛教中象征纯真与超脱的美丽花朵。

古典1952复刻限量版

ETA 2895-1，自动上弦，获COSC天文台认证，动力储存44小时，时、分及小秒针指示，日期显示，18K玫瑰金或316L不锈钢表壳，背刻古典天梭家族盾形徽章，棕色或黑色真皮表带，折叠表扣，防水30米。不锈钢款全球限量3,333只，18K玫瑰金款全球限量333只。

睡莲

石英机芯，时、分指示，18K黄金或玫瑰金表壳，镶嵌独特钻石的珍珠贝母表面，蓝宝石水晶表镜，白、红、黑涂漆皮制表带，防水30米。

PRS 516回拨腕表

石英机芯，时、分及小秒针指示，日期显示，30秒回拨计时，5分钟及60分钟扇形计时器，测速计，316L不锈钢表壳，抛光表底镌刻汽车方向盘图案，皮制表带，展开式折叠表扣，防水50米。

MotoGP 2006竞速系列限量纪念运动腕表

石英机芯，时、分及小秒针指示，计时功能，日期显示，精钢和高科技人工合成碳纤维表壳，背刻摩托车时计图案与MotoGP大会徽号及独立编号，碟型摩托车刹车股形状表圈，表盘衬以轮胎纹及齿轮图案，橡胶表带，安全表扣，防水50米，全球限量6,002只，中国限量399只，附送限量版精美摩托车头盔型碳纤维表盒、代表全球17个不同赛事的赛道图案表后盖、及一套特制工具套装以作更换表底时所用。

ULYSSE NARDIN 雅典

ULYSSE NARDIN雅典表今年所推出的重量级表款Anniversary 160所装配的首枚自制机芯，具备许多创新改革，包括：提高动力传送至摆轮效率的双向擒纵轮，且为减轻其重量以降低动力的耗损，雅典引入半导体技术，将亚磷镍蚀刻成镂空擒纵轮；摆轮的齿轮数目增加至18齿，提高动力传输效率；摆轮振幅降低至约30度，降低摆轮磨损度且可提高摆动精准度；四颗均时螺丝设于摆轮凹槽内，减低不稳定气流对摆轮运作所造成负面影响。另外，延续Maxi Marine Diver系列，新款Blue Surf，再次彰显雅典表与海洋密切连结之品牌概念。

Anniversary160 Limited Edition

Cal. UN-160自制自动机芯，动力储存50小时，专利双向调校大日期视窗，18K红金或18K白金表壳，蓝宝石水晶镜面与底盖，自动盘刻有160字样，全球限量各500只。

Blue Surf Limited Edition

Cal. UN-26自动机芯，42小时动力储存指示，日期显示，玫瑰金（限量500只）或不锈钢（1846只）表壳，直径42.7mm，单向旋转潜水外圈，蓝宝石水晶镜面与底盖，橡胶表带具金属部件，防水200米。

梵克雅宝 VAN CLEEF & ARPELS

喜爱奢华表款的男性钟表玩家，今年可把目光放在VAN CLEEF & ARPELS的Monsieur Arpels Tourbillon Vendome，这只腕表在陀飞轮上有凡登广场高柱，加上镶梯钻的表圈和镶钻表盘形成奢华映辉，一看就是出自百年珠宝世家的不凡设计手笔。另两只创意十足使人惊艳的表款，包括Monsieur Arpels Laterale将动力视窗置于表侧，还有手绘表盘会转动呈现不同景象的仕女腕表。

Monsieur Arpels Tourbillon Vendome

装配VCA(M49)机械机芯，6点钟位置40小时动力储存显示盘，时、分指示，镶钻表盘，18K白金表壳，表冠镶钻，表圈镶梯钻，蓝宝石水晶镜面及底盖，鳄鱼皮表带。

Lady Arpels Centenary

装配机械机芯，动力储存40小时，时、分指示，日历调校位于表背10点半位置，18K白金表壳，表圈镶钻，蓝宝石水晶镜面，缎质表带，防水30米，折叠式钻石表扣。

Monsieur Arpels Laterale

搭载VCA机械机芯，动力储存40小时，时、分指示，4点半位置小秒盘，动力储存指示窗位于9点钟位置表壳侧边，不锈钢表壳，蓝宝石水晶镜面，黑色鳄鱼皮表带，防水30米。

VACHERON CONSTANTIN 江诗丹顿

超越250年辉煌成就的江诗丹顿，写下了如铂金光芒般的腕表扉页；今日，江诗丹顿以创造时间艺术的一贯坚持，持续映演着一段恒久不灭的传奇！

在跨越250年历史之后，面对全新斐页的序篇，江诗丹顿从未对自己的下一个步伐稍有迟疑。在去年以多款250周年纪念表款展现其从容游走精湛制表工艺以及艺术美学的名家风范后，今年则更进一步的以“纯粹”之美，演绎属于江诗丹顿对于时间的独特观点。

今年最受瞩目的，莫过于江诗丹顿提出了“铂金概念”。以纯粹、稀有与永恒等三大元素荟萃的铂金传说，赋予顶级腕表更名副其实的珍稀价值。另外江诗丹顿于1992年所推出的Cal. 1755三问机芯，目前仅剩30枚，今年则以此机芯推出了视、听皆美的马尔他三问万年历腕表与镂空三问，不仅再次展现钟表巨擘深厚功力，更满足表迷对于江诗丹顿的期许。而另一个江诗丹顿的经典之作——纵横四海运动腕表系列，今年适逢推出十周年，江诗丹顿也不负表迷期望特别推出十年纪念之作，以四款全新的Overseas腕表作为纪念礼赞。

永恒传说
限量铂金珍藏系列

只有经典的作品，才会选用珍贵的铂金为材质。

江诗丹顿自1820年首次采用铂金制表以来，便一直采用这种贵重金属，以体现其创新卓越和精密复杂的腕表设计。比黄金稀少30倍的铂金，全球的储量仅能装满一个中等大小的房间；一盎司铂金需从10吨铂金矿石中，历经5个月才能提炼出来；铂金的密度高，硬度与融点是黄金的两倍，因此只有技艺熟练的工匠才能负责制作。

与纯度只有75%的18K金不同，铂金的纯度高达95%，而且全球极少数地方才出产这种金属。事实上，它的稀有度是金的三十倍。铂金独特的密度和重量使其坚固无比，其制成的腕表可以佩戴一世而丝毫无损。铂金永不磨损，它的外形或会改变，但是体积不会因此而减少，故此铂金被视为永恒的象征。1780年，法国国王路易十六特别偏爱铂金，称铂金为“唯一与国王称号相匹配的贵金属”。

江诗丹顿为了彰显铂金独有的特性，精心创作了“限量铂金珍藏系列”。每款全新的限量腕表均拥有“限量铂金珍藏系列”的特征：以铂金制成的表盘、表壳和表扣，表盘上刻有“PT950”铂金比标记。今后，VACHERON CONSTANTIN江诗丹顿每次在推出铂金腕表之前，将会率先推出一个百分百限量的收藏家版本，并归入“限量铂金珍藏系列”(Collection Excellence Platinume)之中。

Patrimony Contemporary 铂金腕表

江诗丹顿今年推出的950铂金腕表Patrimony Contemporary，以典雅出众、完美无瑕的光辉，一语道尽限量铂金珍藏系列的精髓。

精雕细琢而成的铂金表盘，是罕见的外缘略微弯曲的铂金表盘，其细致的机刻装饰图案，突出了铂金独有的温润光泽。腕表的18K白金三角形小时刻度和圆点分钟刻度、刻于四时及五时刻度之间的尊贵"PT950"铂金标记、一对优雅的18K白金棒形指针、表盘中央的VACHERON CONSTANTIN江诗丹顿"马尔他十字"标志，每一个细节均令腕表更显卓尔不凡。与加大的圆形铂金表壳互相辉映，再配衬上铂金表扣的全新设计， 令整只Patrimony Contemporary以最典雅的身形散发着尊贵却不炫耀的顶级质感。

此外，这款超薄腕表以严谨的日内瓦制表标准来设计和制造，彰显着品牌逾二百五十年的传统工艺，其内置的1400型号手动上弦机械机芯更赋予它无穷的生命力。

Patrimony Contemporary铂金腕表

950铂金表壳、表扣、及超细花纹弧形边缘表盘。装配Cal. 1400SS手上链机芯，时、分显示，蓝宝石玻璃水晶镜面，手工缝制鳄鱼皮表带，防水30米，限量150只。

Malte Chronograph 铂金计时腕表

江诗丹顿在今年于限量铂金珍藏系列中，亦推出了马尔他铂金计时腕表(Malte Chronograph)，集合了江诗丹顿最经典、最专业的制表技艺与设计，展现了江诗丹顿在复杂钟表性能领域中，最被业界肯定的品质与低调内敛的风格。

为了展现对专业传统制表技艺的礼赞，江诗丹顿特别在新马尔他系列计时码表中采用传奇的Caliber 1141手上链机械机芯，使用精致、稳定、高效率的导柱轮结构，而所有机芯零件皆施以珠宝切割般的完美细腻工艺，不论在美学设计与专业制表技术层面都无懈可击。此外，线条唯美的铂金表壳充分展现马尔他系列果决的个性。大尺寸并强调美学比例的表壳、扇形表耳与圆形按钮、马尔他十字表冠、以及剑形指针，都为腕表带来摩登的个性外观，同时在珍贵铂金光芒照映下更散发出经典高级钟表设计的魅力。

Malte Chronograph计时腕表

950铂金表壳，装配Cal. 1141手上链机芯，动力储存48小时，时、分、小秒指示，中央计时秒针，30分钟计时，蓝宝石水晶镜面，手工缝制鳄鱼皮表带，防水30米，限量75只。

VERSACE 范思哲

VERSACE精品风格今年借多款新腕表献艺。最新的VERSACE陶瓷表DV One Glamour，以白色、黑色，以及粉红色的陶瓷，钢制小缀饰，以及表盘上的钻石，和镶于表圈的珍珠母贝或钻石，令现有腕表系列更完整亮眼。至于一举推出黑与白，正方形与长方形的V-Square表款，抢眼而细腻的设计，将强烈的线条和醒目的表盘，以上下两行希腊回纹浮雕式表框彰显特色。VERSACE第一次将流行和时尚结合在一款运动型手表上，V-Sport是一款优雅而具功能性计时器的手表，随包装有三款可互换的表环，这款计时表的特色是它的计时、计分，以及十分之一秒计时，精准和粗犷风格并重。

V-Square

装配瑞士Ronda 1062石英机芯，时、分指示，不锈钢时标，不锈钢表壳，防眩蓝宝石水晶镜面，Medusa表冠，五列式表链与可调式表扣，防水30米。

DV One Glamour

装配瑞士ETA 956.106自动机芯，时、分、秒指示，时标饰钻石或不锈钢，白色、黑色与粉红色陶瓷表壳，防眩蓝宝石水晶镜面，陶瓷表带，防水50米。

V-Sport

装配瑞士计时Ronda 5030D石英机芯，时、分、秒指示，计时功能，淡绿色萤光时间标示，以及红色秒针，4点钟日期视窗，不锈钢表壳，三款可互换表环，防眩蓝宝石水晶镜面，Medusa表冠，橡胶表带，防水10米。

窝路坚 VULCAIN

VULCAIN在1947年正式生产出首枚Cricket机芯，为腕表引进响闹功能。今年，VULCAIN再接再励，推出Golden Voice 系列，凭借其温和的响闹声音将这个表坛神话延续下去。腕表以两种全新面孔示人：Square Golden Voice与Round Golden Voice，前者装置手动上链机芯于时尚感重、线条利落的方形表壳内，后者则选取了古典优雅的圆形表壳。

另外，品牌首次在响闹腕表上装上振动提示装置（Vibrate Reminder），腕表中央的旋转表盘设有独特的V形标记，只要将标记对准指定时标，预设时间一到，响闹装置便会自动开启和发声，此外，设计师亦加强了腕表的防震系统，进一步保障腕表响闹方面的准确性。

另一枚新作Annual Calender腕表则以优美的月相结合年历及响闹等复杂功能，将日常实用功能完美整合于一身。

Square Golden Voice

V-10手动上链机芯，动力储存42小时，时、分、秒指示及振动提示装置，不锈钢方形表壳，炭灰色Guilloche花纹表盘，路易斯安那鳄鱼皮表带，防水50米。

Annual Calender 腕表

手动上链机芯，结合月相、年历及响闹等多项复杂功能，不锈钢表壳，黑色表盘，鳄鱼皮表带。

ZENITH 真力時

创厂于1865年，取自宇宙最高点之意的ZENITH，历经时光荏苒，始终恪守创厂时所许下结合传统与现代的承诺，一个半世纪以来，大胆创意的表款设计与不断改善机芯的孜孜不倦，让这颗天顶最亮的星，始终挂于天顶持续着闪耀的光芒。

近年迭有惊人之作的ZENITH，今年依旧在中人期盼的眼光下推出令人惊艳的全新作品Defy系列，其下又可分为Defy Classic与Defy Xtreme。Defy字面上就具有挑战之意，加上ZENITH所赋予Defy粗犷阳刚的外型设计，主攻运动腕表市场的企图心不言可喻。Defy Classic以强大性能、剽悍外型强调出运动腕表的真正价值，首先令人震撼的，是其高达43mm的超大不锈钢表壳，再搭配镶有品牌Logo星芒标志的不锈钢表圈，在外型设计与注目度上已经先声夺人，加上面盘上的巴黎钉纹装饰由内延伸至表带的特殊设计，更具环环相扣的视觉美感。在款式及功能上Defy Classic当然可见ZENITH最知名的Open面盘设计，除此之外小三针、动力储存与计时码表款式亦都在此系列出现，完整的产品线可说是ZENITH扩张运动腕表市场的全新武器。此外Defy Xtreme则堪称是Defy Classic的顶级限量版，外型不仅更为前卫，尺寸也更加硕大，同时面盘采多层次设计，计时盘则以轮框造型取代指针，计时功能运作时呈现极富速度感的视觉效果。此外全系列更采用钛金属表壳以及高达1,000米的防水功能，彻底展现顶级运动表的高规格性能配备。

今年的女表依旧延续Open设计，不同的是主题以Star带出天上繁星与海洋之星，星形的透视窗分别代表星星与海星并以透视窗的造型与表款颜色作为区隔，海洋璀璨，星空优雅，分别带出女性多变浪漫的时计风采。

Star Open Sea & Sky

El Primero 4021自动机芯，50小时动力储存指示，时、分、小秒针指示，中央计时秒针，计时功能，11点钟Open Star设计，不锈钢表壳，防眩蓝宝石水晶镜面，真皮表带，防水30米。

Defy Classic计时码表

El Primero 4000 SC自动机芯，50小时动力储存指示，时、分、小秒针指示，中央计时秒针，计时功能，日期显示，不锈钢表壳及链带，单向旋转表圈，防眩蓝宝石水晶镜面，防水300米。

Defy Classic腕表

El Primero 4021 SC自动机芯，50小时动力储存指示，时、分、小秒针指示，中央计时秒针，计时码表功能，11点钟Open Dial设计，不锈钢表壳及链带，单向旋转表圈，防眩蓝宝石水晶镜面，防水300米。

Defy Xtreme Tourbillon

El Primero 4035 SX自动陀飞轮机芯，50小时动力储存指示，时、分、小秒针指示，计时码表功能，3点钟30分积算盘，6点钟1/10秒计时积算盘，11点钟陀飞轮装置，12点钟日期显示，钛金属表壳与单向旋转表圈，不锈钢链带，防眩蓝宝石水晶镜面，防水1,000米。

INDEX 索引

A. LANGE & SÖHNE
朗格
香港中环康乐广场1号怡和大厦6楼
TEL：(852) 2532-7628

A. DUNHILL
登喜路
北京市东城区新中里13号巨石大厦6楼602室
TEL：(010) 5190-9875

AUDEMARS PIGUET
爱彼表
北京崇文门外大街5号新世界太华办公室7层
TEL：(010) 6708-9001

ARNOLD & SON
香港九龙尖沙咀东广东道25号港威大厦2座11楼
1107-11室
TEL：(852) 2369-1221

BALL WATCH
波尔表
上海市黄陂北路277号中区广场505室
TEL：(8621) 6375-8399

BAUME & MERCIER
名士
上海市南京西路1168号中信泰富广场10楼1003-06室
TEL：(021) 5292-5809

BELL & ROSS
柏莱士
香港北角英皇道510号港运大厦2308室
TEL：(852) 2506-2666

BLANCPAIN
宝珀
上海市天钥桥路30号美罗大厦501-505室
TEL：(021) 6426-7968

BREGUET
宝玑
上海市天钥桥路30号美罗大厦501-505室
TEL：(021) 6426-7968

BREITLING
百年灵
上海市延安东路588东海商业中心14楼D室
TEL：(021) 6352-2670

BOVET
播威
香港港景街一号国际金融中心一期27楼16室
TEL：(852) 2810-0053

BVLGARI
宝格丽
上海市南京西路1168号中信泰富广场32层3210B-3211
TEL：(021) 5116-5836

CK
上海市天钥桥路30号美罗大厦501-505室
TEL：(021) 6426-7968

CARL F. BUCHERER
宝齐莱
香港湾仔告士打道200号新银集团中心15楼1502室
TEL：(852) 2815-1968

CARTIER
卡地亚
上海市南京西路1168号中信泰富广场10楼1003-06室
TEL：(021) 5292-5809

CHANEL
香奈儿
上海市南京西路1266号恒隆广场62楼
TEL：(021) 6288-1700

CHOPARD
萧邦
上海市南京西路1376号上海商城A05号店
TEL：(8621) 6279-8985

CHRONOSWISS
瑞宝表
香港九龙尖沙咀广东道33号中港城二座19楼
TEL：(852) 2738-9888

CONCORD
君皇表
上海市南京西路1515号嘉里中心310室
TEL：(021) 5298-6350

CORUM
昆仑表
香港九龙尖沙咀广东道5号海洋中心710室
TEL：(852) 2110-4410

DANIEL ROTH
丹尼诺夫
香港九龙尖沙咀梳士巴利道3号星光行1416室
TEL：(852) 2375-8280

DIOR
迪奥
上海市南京西路1266号恒隆广场30楼3006室

DEWITT
香港中环遮打道16-20号历山大厦17楼1709号
TEL：(852) 2836-6607

DUBEY & SCHALDENBRAND
杜彼萧登
香港黄竹坑业兴街11号南汇广场A座23楼
TEL：(852) 2880-9808

EBEL
玉宝表
香港九龙尖沙咀海港城环球金融中心北座1407室
TEL：(852) 2736-0820

EBERHARD & Co
依百克
香港柴湾嘉业街18号明报工业中心A座四楼三室
TEL：(852) 2808-1921

FRANCK MULLER
香港湾仔港湾道18号中环广场5402-04室
TEL：(852) 2506-1868

FREDERIQUE CONSTANT
康斯登
香港尖沙咀广东道5号海洋中心710室
TEL：(852) 2110-4410

GÉRALD GENTA
香港九龙尖沙咀梳士巴利道3号星光行1416室
TEL：(852) 2375-8280

GIRARD-PERREGAUX
芝柏表
香港北角英皇道510号港运大厦2308室
TEL：(852) 2506-2666

GLASHÜTTE ORIGINAL
格拉苏蒂
上海市天钥桥路30号美罗大厦501-505室
TEL：(021) 6426-7968

GUCCI
古驰
上海市南京西路1376号上海商城663室
TEL：(021) 6279-8811

HAMILTON
汉米尔顿
上海市天钥桥路30号美罗大厦501-505室
TEL：(021) 6426-7968

HARRY WINSTON
香港黄竹坑业兴街11号南汇广场A座23楼
TEL：(852) 2880-9808

HERMÈS
爱马仕
香港铜锣湾礼顿道29号华懋礼顿广场26楼
TEL：(852) 2903-0903

INDEX 索引

IWC
万国表
上海市南京西路1168号中信泰富广场10楼1003-06室
TEL：(021) 5292-5809

JAEGER LE-COULTRE
积家
上海市南京东路1168号中信泰富广场19楼1907室
TEL：(021) 5292-9950

JAQUET DROZ
上海市天钥桥路30号美罗大厦501-505室
TEL：(021) 6426-7968

JEAN RICHARD
尚维沙
香港北角英皇道510号港运大厦2308室
TEL：(852) 2506-2666

JUVENIA
尊皇表
香港德辅道西444-452号香港工业大厦13楼A-D室
TEL：(852) 2819-6192

LONGINES
浪琴表
上海市天钥桥路30号美罗大厦501-505室
TEL：(021) 6426-7968

LÉON HATOT
香港北角电气道169号宏利保险中心40楼
TEL：(852) 2510-5100

MAURICE LACROIX
艾美表
北京市崇文门外大街5号新世界太华办公室7层
TEL：(010) 6708-9001

MILUS
美力士
上海市浦东新区世纪大道88号金茂时尚生活中心2字楼
所罗门钟表珠宝
TEL：(852) 2400-1111

MONTBLANC
万宝龙
上海市南京西路1168中信泰富广场1902-1906层
TEL：(021) 6141-5888

MOVADO
摩凡陀
上海市南京西路1515号嘉里中心310室
TEL：(021) 5298-6350

OMEGA
欧米茄
上海市天钥桥路30号美罗大厦501-505室
TEL：(021) 6426-7968

ORIS
豪利时
上海市中山西路2368号（华鼎大厦）23层H室
TEL：(021) 6486-2913

PANERAI
沛纳海
上海市南京西路1266号恒隆广场139店铺
TEL：(021) 6288-0100

PARMIGIANI
帕马强尼
香港九龙尖沙咀广东道33号中港城二座19楼
TEL：(852) 2738-9888

PATEK PHILIPPE
百达翡丽
上海市中山东一路18号1楼（外滩18号）
TEL：(021) 6329-6846

PIAGET
伯爵表
上海市南京西路1266号恒隆广场102B店铺
TEL：(021) 6288-1639

REVUE THOMMEN
总统表
香港九龙尖沙咀梳士巴利道3号星光行1418室
TEL：(852) 2375-6883

ROGER DUBUIS
豪爵表
香港黄竹坑业兴街11号南汇广场A座23楼
TEL：(852) 2918-9368

RADO
雷达表
上海市天钥桥路30号美罗大厦501-505室
TEL：(021) 6426-7968

RAYMOND WEIL
蕾蒙威
上海市延安东路588号东海商业中心9楼
TEL：(021) 6352-7002

RICHARD MILLE
香港金钟皇后大道88号太古广场3楼327号铺
TEL：(021) 2918-9696

ROLEX
劳力士
香港中环康乐广场1号怡和大厦14楼
TEL：(852) 2525-6156

SEIKO
精工
上海市南京西路1468号中欣大厦3601室
TEL：(021) 6289-1333

TAG HEUER
豪雅表
上海市南京西路1266号恒隆广场30楼3006室
TEL：(021) 6288-1888

TISSOT
天梭
上海市天钥桥路30号美罗大厦501-505室
TEL：(021) 6426-7968

ULYSSE NARDIN
雅典表
上海市中山东一路18号2F (外滩18号)
TEL：(021) 6287-8700

VACHERON CONSTANTIN
江诗丹顿
上海市南京西路1113号
TEL：(021) 6256-2270

VAN CLEEF & ARPELS
梵克雅宝
香港中环康乐广场1号怡和大厦3楼310室
TEL：(852) 2532-7277

VERSACE
范思哲
香港中环云咸街60号中央广场35楼02室
TEL：(852) 2912-1000

VULCAIN
窝路坚
香港九龙尖沙咀梳士巴利道3号星光行805室
TEL：(852) 2730-8038

ZENITH
真力时
上海市南京西路1266号恒隆广场30楼3008室
TEL：(021) 6288-1888

读者意见回函

我们陪伴许多表迷及读者度过精采的爱表岁月，除了感谢您的支持，更希望您能不吝与我们分享宝贵的意见，以让我们更贴近您！

谢谢您拨冗填写，请传真至(021)6587-7208即可。

- 您从何处得知《世界名表年鉴》？

□书店橱窗布置 □翻阅书店架上杂志 □钟表店 □亲友介绍 □网路 □其他__________

- 您选择购买《世界名表年鉴》的原因？

□对企划主题有兴趣 □编排印刷精美 □整体内容专业丰富，符合需求

□价格便宜 □ 习惯翻阅 □喜爱订阅赠品 □其他____________

- 您对《世界名表年鉴》内容编排的感觉？

□简洁清爽 □中规中矩 □复杂花稍 □平淡空泛 □杂乱无章

- 您最想从钟表杂志中获得哪方面的讯息？

□专业钟表知识 □新表介绍 □钟表趋势分析 □各类型表款深入剖析 □钟表品牌背景历史

□钟表同好经验分享 □表展或拍卖会资讯 □其他____________

- 除了《世界名表年鉴》外您是否也经常阅读其他钟表杂志？□是____________(杂志名) □否
- 您对《世界名表年鉴》的整体满意度？

□非常好 □大致满意 □普通 □尚需加强 □非常不喜欢

- 您希望本书日后举办何种类型的活动？

□鉴定维修活动 □演讲座谈会 □二手表市场 □大型表展 □其他____________

- 您希望本书增加或加强哪一方面的内容？

□钟表产业状况 □钟表维修 □钟表历史渊源 □读者征文 □与“时间”相关的文学作品赏析

□其他____

- 其他建议或想询问的钟表问题：

____

____

____

____

____

____

____

____

读者档案

姓名：__________________ □订户, 编号：__________________ □零买, 购买处：__________________

性别：□男 □女 年龄：□ 25岁以下 □ 26~35岁 □ 36~45岁 □ 45岁以上

职业：□制造业 □军公教 □服务业 □资讯业 □自由业 □金融贸易 □文化出版 □家管 □学生 □其他

月收入：□5千以下 □5千～8千 □8千～1万 □1万～1万5千 □1万5千～2万 □2万～2万5千 □2万5千以上

地址：____

电话：____________________ E-mail：______________________

- 您目前约拥有几只手表：______ ● 最喜爱的表款类型为____________
- 您所拥有的手表品牌为何？______________________________
- 您下一个锁定拥有的手表品牌为______________________________
- 您所拥有手表平均价位大约在：

  □RMB￥500～1,000 □RMB￥1,000~5,000 □RMB￥5,000~10,000 □RMB￥10,000~50,000

  □RMB￥50,000~100,000 □RMB￥100,000~250,000 □RMB￥250,000以上
- 您选购手表时最重要的考虑因素：

  □品牌知名度 □造型外观 □坚固实用 □身分象征 □表款功能 □售后服务 □折扣多寡 □未来保值 □其他
- 您通常在何处选购手表：

  □传统地方表店 □连锁表店 □二手古董钟表店 □商场钟表专柜 □百货公司 □国外、免税店 □ 拍卖会
- 您会不会和亲朋好友分享本杂志：□不会 □会,和______人分享(请填人数)
- 您对哪些钟表品牌的报导最感兴趣？可复选5项(请依喜好程度以1~5表示)

□A.DUNHILL	□CHRONOSWISS	□GÈRALD GENTA	□MARC ECKO	□PIERRE KUNZ
□AUDEMARS PIGUET	□CHANEL	□GLASHÜTTE ORIGINAL	□MARTIN BRAUN	□ROCHAS
□A.LANGE & SÖHNE	□CONCORD	□GIRARD-PERREGAUX	□MAURICE LACROIX	□RADO
□ARNOLD & SON	□CORUM	□GOLD PFEIL	□MAUBOUSSIN	□ROLEX
□ALFEX	□DANIEL ROTH	□GRAND SEIKO	□MEXX	□REVUE THOMMEN
□BALL WATCH	□DEWITT	□GUCCI	□MIDO	□RAYMOND WEIL
□BAUME & MERCIER	□DIOR	□GUESS	□MILUS	□ROGER DUBUIS
□BELL & ROSS	□DUBEY&SCHALDENBRAND	□HAMILTON	□MONTBLANC	□ROAMER
□BLANCPAIN	□CREDOR	□HARRY WINSTON	□MOVADO	□SARCAR
□BOUCHERON	□EBERHARD&CO.	□HERMÈS	□MONDAINE	□SAINT HONORÉ
□BOVET	□ESPRIT	□HUBLOT	□MOSCHINO	□SINN
□BREGUET	□EBEL	□IWC	□NHC	□SEIKO
□BREITLING	□EDOX	□JUVENIA	□OMEGA	□TAG HEUER
□BVLGARI	□ETERNA	□JAEGER LECOULTRE	□ORIS	□TISSOT
□CARTIER	□ERNEST BOREL	□JEAN d'EVE	□PANERAI	□ULYSSE NARDIN
□CARL.F.BUCHERER	□EPOS	□JEANRICHARD	□PATEK PHILIPPE	□VAN CLEEF & ARPELS
□CK	□FERRARI	□JAQUET DROZ	□PARMIGIANI	□VERSACE
□CHOPARD	□FORTIS	□LÉON HATOT	□PERRELET	□VACHERON CONSTANTIN
□CENTURY	□FREDERIQUE CONSTANT	□LONGINES	□PIAGET	□VULCAIN
□CERRUTI 1881	□FRANCK MULLER	□LUMINOX	□PORSCHE DESIGN	□ZENITH

如果您光临下列钟表店，有机会阅读到最新一期【TIME SQUARE】

北京	
英皇国贸店	建外大街1号国贸商城地下一层SB103-105
英皇赛特店	建外大街22号赛特购物中心
英皇百盛店	复兴门内大街101号百盛购物中心新区一层
英皇新东安店	王府井大街138号新东安市场一层
英皇SOGO店	宣武门外大街8号庄胜崇光百货一层
英皇中友店	西单北大街178号华南大厦中友百货一层
英皇华联店	阜外大街1号华联商厦一层
英皇西单赛特店	西单北大街111号西单赛特商城一层
名表城新东安广场店	王府井大街138号一层148号铺
名表城东方广场店	东城区东方广场东方新天地商场首层A109
名表城华堂店	朝阳区北四环东路108号华堂商场一层
亨得利瑞士名表中心	王府井大街271-273号
亨得利城乡贸易中心店	复兴路甲23号
亨得利翠微店	海淀区翠微大厦一楼
亨得利新世界店	崇文门外大街3号
亨得利双安店	海淀区北三环西路38号
亨得利宣武门店	宣武门大街112号
亨得利新东安欧米茄专卖店	王府井大街新东安市场137铺
亨得利百货大楼店	王府井大街百货大楼一层
亨得利燕莎店	朝阳区亮马桥路52号

上海	
上海钟表商店亨得利	淮海中路478-492号
上海巴黎春天亨得利	淮海中路巴黎春天
摩迪名表城	淮海中路575-579号
九百名表城	南京西路1177号
汇金名表城	肇嘉滨路1000号
上海大光明钟表	南京东路772号
虹桥百盛时分秒分店	遵义南路100号虹桥上海城购物中心
八佰伴名表城	浦东新区张杨路1111号底层
新宁名表城	长宁路823号上海新宁购物中心
时分秒港汇店	虹桥路1号港汇广场1F
英皇钟表珠宝	南京西路1038号梅龙镇广场

南京	
英皇珠宝钟表	中山南路2号东方商城
金鹰国际集团购物中心	汉中路89号南京金鹰国际购物中心
太平商场	太平南路279号

重庆	
英皇钟表珠宝	俞中区五一路重庆海逸酒店商场
名表城太平洋百货店	渝中区大都会广场太平洋百货
名表城明日百货店	沙坪坝小新街85号
名表城百货大楼店	渝中区民权路2号
名表城世纪新都店	建新北路37号
天成英黄钟表珠宝行	渝中区五一路海逸酒店LFL层

杭州	
杭州大厦购物中心钟表柜	杭州市武林广场
银泰百货钟表柜	杭州市延安路
新世纪百货商场钟表柜	杭州市解放路
百货大楼钟表柜	杭州市延安路
亨得利钟表有限公司	杭州市解放路216-218号
浙地珠宝店	杭州市体育场路
周大福珠宝店	杭州市西湖时代广场
元华广场购物中心钟表柜	杭州市延安南路
国大百货钟表柜	杭州市延安路

沈阳	
中街名表城	沈河区中街路148号
新世界名表城	和平区南京街2号新世界百货4楼
中山名表城	和平区中山路61号
新世界名表城太原店	和平区太原南街1号新世界百货
大公名表中心	和平区中山路61号
兴隆名表城	沈河区中街路兴隆大家庭时尚流行馆
中兴商业大厦	和平区太原北街86号
亨得利钟表店	沈河区中街路137号
大明府钟表眼镜店	沈河区中街路137号
北方大厦钟表眼镜店	沈河区中街路205号
欧亚钟表眼镜店	沈河区中街路

哈尔滨	
捷夫瑞士名表中心旗舰店	道里区中央大街142号
捷夫瑞士名表中心达卡佛店	道里区中央大街167号
捷夫瑞士名表中心南岗松雷店	南岗区东大直街329号
捷夫瑞士名表中心道里松雷店	道里区中央大街66号
捷夫瑞士名表中心秋林商厦店	南岗区东大直街320号
捷夫瑞士名表中心秋林店	南岗区东大直街319号
亨吉利名表中心	南岗区东大直街324-1号
远大瑞士名表中心	南岗区奋斗路376号
京滨世界名表行	道里区安发街23号

成都

欧亚钟表眼镜店	人民东路61号1楼
王府井富明高钟表店	总府路15号1楼
名表城春熙店欧米茄专柜	春熙路北段37号
名表城百盛店	总府路31号新1号1楼
亨得利北京华联店	盐市口市场
亨得利春熙路店	春熙路北段49号
摩尔百盛中心华瑞钟表	东御街55号成都摩尔百盛中心
成都名表城	春煦北路37号京川名表城
明明钟表	会展中心
莉莉百货	忠烈祠西街5号
古旧钟表店	忠烈祠西街15号

广州

百货大楼	北京路
广州百货江南大道店	江南大道中148-156号
广州百货信和广场店	昌岗中路
王府井百货	家林下路
李占记	中山四路344-348号
东山庙前直街钟表店	1路车总站东山百货对面
广州时代广场	天河北路28号

西安

亨吉利钟表店	东大街376号
民生百货大楼	东三路
开元商城	钟楼东南角
中大国际商场	南大街30号
世纪金花商城	钟楼西北角
北大街商场	北大街十安东南角
小寨国贸大厦	长安路小寨十安东南角
好友多超市钟表柜	长安路小寨十安向北100米
民生商厦钟表专柜	西郊

济南

银座商城钟表柜	泺原大街66号
贵和购物中心	天地坛街1号

天津

光大依波钟表专柜	勤业场一楼
百货大楼光大依波表专柜	
滨江购物广场光大依波表专柜	
滨江商厦光大依波表专柜	
亨得利钟表眼镜店	

大连

友谊商城国际精品部	中山区人民路8号
新友谊商店首层精品礼品部	中山区人民路62号
百年城欧欧洲坊	中山区青泥街57号
新世界百货钟表部	天津街200号
大连商场名表专柜	中山区青三街1号
新玛特名表廊	中山区青三街1号
迈凯乐名表区	中山区解放路1号
时间廊表店	中山区胜利广场28号

长沙

寸阴金钟表店	黄兴路251号
亨得利钟表店	黄兴路
长沙国际表行	黄兴中路24号

厦门

华联商厦钟表柜	厦禾路935-939号
华联商厦	中山路1号
巴黎春天百货商场	中山路76-132号
三友假日百货商场	鼓浪屿龙头路8号
盛昌钟表店	思明南路

青岛

亨得利钟表店	中山路144号
百盛钟表珠宝中心	中山路44-60号
百盛商场周生生珠宝店	中山路44-60号
海信广场万宝龙手表专卖店	山东路9号
海信广场雷达表专卖店	山东路9号
海信广场劳力士专卖店	山东路9号
海信广场欧米茄专卖店	山东路9号
百盛商场潮宏基珠宝店	中山路44-60号
东泰佳世客罗马表专柜	香港中路72号
东泰名表中心	香港中路72号
青岛名钻坊珠宝首饰	香港中路94号

鞍山

慧通瑞士表店	铁东区219路47号
慧通银座分店	铁东区二道街99号银座一厦一层

乌鲁木齐

世界名表中山店	中山路88号